极简 Excel

一分钟学会Excel的艺术

龙马高新教育◎编著

北京大学出版社
PEKING UNIVERSITY PRESS

内 容 提 要

本书通过精选案例引导读者深入学习，系统地介绍了用 Excel 办公的相关知识和应用方法。

全书分为 6 篇，共 31 课。第 1 篇为 Excel 快速入门，主要介绍如何学习 Excel、工作簿必知必会等；第 2 篇为 Excel 基础应用，主要介绍工作表的基本操作、单元格的选取选择与定位、单元格合并拆分来去自如、调整行高列宽的秘密、数据的规范决定表的质量，快速输入数据、简单又省力的序列、将现有数据整理到 Excel 中、设置单元格格式、工作表的美化、保障数据安全性、图表让数据变成图，以及图表的应用实战等；第 3 篇为公式与函数，主要介绍公式的使用技巧、单元格的引用，以及别怕，函数其实很简单等；第 4 篇为数据管理与分析，主要介绍最简单的数据分析——排序、筛选与高级筛选、条件格式的使用、让数据有规则的数据验证、分类汇总及数据分组、数据合并计算，以及聊聊数据透视表等；第 5 篇为高手技巧，主要介绍不得不说的打印及能批量的绝不一个一个来等；第 6 篇为行业实战，主要介绍公司年度培训计划表、员工工资表、进销存管理表以及销售业绩透视表等。

本书不仅适合计算机初、中级用户学习，也可以作为各类院校相关专业学生和计算机培训班学员的教材或辅导用书。

图书在版编目(CIP)数据

极简 Excel：一分钟学会 Excel 的艺术 / 龙马高新教育编著 . — 北京：北京大学出版社，2018.4

ISBN 978-7-301-29197-9

Ⅰ . ①极… Ⅱ . ①龙… Ⅲ . ①表处理软件 Ⅳ . ① TP391.13

中国版本图书馆 CIP 数据核字 (2018) 第 026583 号

书　　　　名	极简 Excel：一分钟学会 Excel 的艺术 JI JIAN EXCEL：YI FENZHONG XUEHUI EXCEL DE YISHU
著作责任者	龙马高新教育 编著
责 任 编 辑	尹 毅
标 准 书 号	ISBN 978-7-301-29197-9
出 版 发 行	北京大学出版社
地　　　　址	北京市海淀区成府路 205 号　　100871
网　　　　址	http://www.pup.cn　　新浪微博：@ 北京大学出版社
电 子 信 箱	pup7@ pup.cn
电　　　　话	邮购部 62752015　发行部 62750672　编辑部 62570390
印 刷 者	北京大学印刷厂
经 销 者	新华书店
	720 毫米 ×1020 毫米　16 开本　16 印张　363 千字 2018 年 4 月第 1 版　2018 年 4 月第 1 次印刷
印　　　　数	1—4000 册
定　　　　价	69.00 元

▶▶▶▶▶ 前　言

　　在物质和信息过剩的时代，"极简"不仅是一种流行的工作、生活态度，更是一种先进的学习方法。本书倡导极简学习方式，以"小步子"原则，一分钟学习一个知识点，稳步推进，积少成多，通过不断的"微"学习，从而融会贯通，熟练掌握，以期大幅提高读者的学习效率。

　　本书共安排 31 节课，系统且全面地讲解 Excel 的技能与实战。

■ 读者定位

- ◆ 对 Excel 一无所知，或者在某方面略懂、想进一步学习的人
- ◆ 想快速掌握 Excel 的某方面应用技能（如做表、分析数据等）的人
- ◆ 觉得看书学习太枯燥、学不会，希望通过视频课程学习的人
- ◆ 没有大量连续时间学习，想通过手机利用碎片化时间学习的人

■ 本书特色

- ◆ 简单易学，快速上手

　　本书学习结构契合初学者的学习特点和习惯，模拟真实的工作学习环境，帮助读者快速学习和掌握。

- ◆ 精品视频，一扫就看

　　每节都配有精品教学视频，哪里不会"扫"哪里，边学边看更轻松。

◆ **牛人干货，高效实用**

本书每课提供一定质量的实用技巧，满足读者的阅读需求，也能帮助读者积累实际应用中的妙招，扩展思路。

■ 适用版本

本书的所有内容均在 Excel 2016 版本中完成，因为本书介绍的重点是使用方法和思路，所以也适用于 Excel 2007、Excel 2010 和 Excel 2013。

■ 配套资源

为了方便读者学习，本书配备了多种学习方式，供读者选择。

◆ **配套素材和超值资源**

本书配送了 300 段高清同步教学视频、本书素材和结果文件、通过互联网获取学习资源和解题方法、办公类手机 APP 索引、办公类网络资源索引、Office 十大实战应用技巧、200 个 Office 常用技巧汇总、1000 个 Office 常用模板、Excel 函数查询手册等超值资源。

（1）下载地址。

扫描下方二维码或在浏览器中输入 "http://v.51pcbook.cn/download/ 29197. html"，即可下载本书配套光盘中的资源。

（2）使用方法。

下载配套资源到电脑端，单击相应的文件夹可查看对应的资源。每一课所用到的素材文件均在 "本书实例的素材文件、结果文件 \ 素材 \ch*" 文件夹中。读者在操作时可随时取用。

- **扫描二维码观看同步视频（不下载，在有网络的环境下可观看）**

    使用微信、QQ 及浏览器中的"扫一扫"功能，扫描每课中对应的二维码，即可观看相应的同步教学视频。

- **手机版同步视频（下载后，在无网络的环境下可观看）**

    读者可以扫描下方二维码下载龙马高新教育手机 APP 安装到手机上，随时随地问同学、问专家，尽享海量资源。同时，我们也会不定期推送学习中的常见难点、使用技巧、行业应用等精彩内容，让学习变得更加简单高效。

■ 写作团队

本书由龙马高新教育编著，孔长征任主编，左琨、赵源源任副主编，参与本书编写、资料整理、多媒体开发及程序调试的人员有张田田、尚梦娟、李彩红、尹宗都、王果、陈小杰、左琨、邓艳丽、崔姝怡、侯蕾、左花苹、刘锦源、普宁、王常吉、师鸣若、钟宏伟、陈川、刘子威、徐永俊、朱涛和张允等。

在编写过程中，编者竭尽所能地为读者呈现最好、最全的实用功能，但仍难免有疏漏和不妥之处，敬请广大读者指正。若在学习过程中产生疑问，或有任何建议，可以通过以下方式联系我们。

投稿信箱：pup7@pup.cn

读者信箱：2751801073@qq.com

■ 后续服务

为了更好地服务读者，本书专门开通了 QQ 群为读者答疑解惑，读者在阅读和学习本书过程中可以把遇到的疑难问题整理出来，在"办公之家"群里探讨学习。另外，群文件中还会不定期上传一些办公小技巧，帮助读者更方便、快捷地操作办公软件。

读者交流 QQ 群：218192911（办公之家）

提示：若加入 QQ 群时，系统提示"此群已满"，请读者根据提示加入其他群。

目 录

第 1 篇 Excel 快速入门

第 2 篇 Excel 基础应用

第 3 篇 公式与函数

第 4 篇 数据管理与分析

第 5 篇 高手技巧

第 6 篇 行业实战

第1篇

Excel 快速入门

第 1 课
初来挑战 Excel

Excel 就像是晋升路上的一座大山，只有翻过这座大山才能继续前行，所以我们要拿出"初生牛犊不怕虎"的勇气，勇敢地面对它。万事开头难，只要勇敢地迈出第一步，就已经成功了一半。下面就让我们一起来挑战它吧。

1.1 不会 Excel 惹的祸

极简时光

关键词：分分钟搞定 Excel　销售情况表　形象生动的表格　销售对比

一分钟

	D2		× ✓ fx	=(C2-B2)/B2
	A	B	C	D
1		2016年销量	2017年销量	增长率
2	显示器	20259	25681	26.76%
3	鼠标	15682	20352	29.78%
4	键盘	12203	15624	28.03%
5	笔记本电脑	35642	42618	19.57%

在日常办公中，不会使用 Excel 经常会带来很多麻烦。

小美是一家财务公司的行政助理，刚入职时因工作认真仔细而得到老板的赏识，小美心里也乐开了花，但最近小美在工作中遇到了难题。

老板觉得小美在平常工作中表现得不错，有意想给她升职，就开始让她试着做公司的财务分析报表，没想到 Excel 是小美的短板，其他同事使用 Excel 分分钟就搞定了，而小美却还在拿着计算器来计算各个项目的增长率，最后的结果可想而知。

小琪是一家销售公司的行政助理，她刚入职不久，领导交代她做一个公司各项产品的销售情况表，小琪特别认真地统计各项数据并以表格的形式展现出来，小琪心想，领导看完肯定会夸我做事认真，但没想到其他同事上交的销售表中有图表，不仅看起来形象生动，而且各项产品的销售情况一目了然，并使用折线图做了销售对比，得到了领导的称赞，相比之下小琪的销售表中的数据就显得很单调。

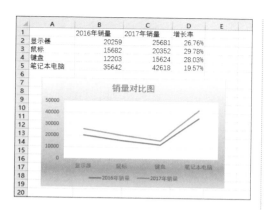

1.2 了解 Excel 三大元素

关键词： 工作簿　工作表　单元格

一分钟

Excel 的三要素：工作簿、工作表、单元格。

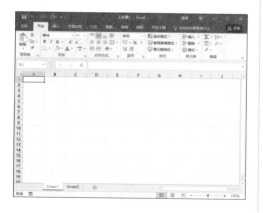

1. 工作簿

工作簿是指在 Excel 中用来存储并处理工作数据的文件，其扩展名是 .xlsx。在 Excel 中无论是数据还是图表都是以工作表的形式存储在工作簿中的。通常所说的 Excel 文件指的就是工作簿文件。

在 Excel 中，一个工作簿就类似一本书，其中包含许多工作表，工作表中可以存储不同类型的数据。

当启动 Excel 时，系统会自动创建一个新的工作簿文件，名称为"工作簿 1"，以后创建的工作簿的名称默认为"工作簿 2""工作簿 3"……

2. 工作表

工作表是 Excel 存储和处理数据的最重要的部分，是显示在工作簿窗口中的表格。一个工作表最多可以由 1048576 行和 16384 列构成。行的编号从 1 ～ 1048576，列的编号依次用字母 A，B…AA…XFD 表示。行号显示在工作簿窗口的左边，列号显示在工作簿窗口的上边。

工作表是工作簿里的一页，工作表由单元格组成。通常把相关的工作表放在一个工作簿里。例如，可以把全班学生的成绩放在一个工作簿里，将每个学生的成绩放在各自的工作表里，将全班学生成绩的统计分析放在一个工作表中。

Excel 的一个工作簿中默认有一个工作表，用户可以根据需要添加工作表，每一个工作簿最多可以包含 255 个工作表。在一个工作簿中，无论有多少个工作表，将其保存时，都将会保存在同一个工作簿文件中，而不是按照工作表的个数保存。

提 示

> Excel 2010 中默认打开的工作簿中包含 3 张工作表。

3. 单元格

工作表中行列交会处的区域称为单元格，是存储数据的基本单位，它可以存放文字、数字、公式和声音等信息。

默认情况下，Excel 用列序号字母和行序号数字来表示一个单元格的位置，称为单元格地址。在工作表中，每个单元格都有其固定的地址，一个地址也只表示一个单元格，例如，A3 就表示位于 A 列与第 3 行的单元格。

如果要表示一个连续的单元格区域，用"该区域左上角的一个单元格地址 + 冒号 + 该区域右下角的一个单元格地址"来表示，例如，A1:C5 表示从单元格 A1 到单元格 C5 整个区域。

由于一个工作簿文件可能会包含多个工作表，为了区分不同工作表的单元格，可以在地址前面增加工作表的名称，如"Sheet1！A1"就表示了该单元格是工作表"Sheet1"中的单元格"A1"，"！"是工作表名与单元格之间的分隔符。如果在不同的工作簿中工作表名相同可以这样表示：[工作簿名称]工作表名称！单元格地址。"[]"是工作簿名与工作表名之间的分隔符。

1.3 一张图告诉你新手和高手的区别

极简时光

关键词：新手　操作好
几个步骤　高手　使用
快捷键

一分钟

同一个操作，不熟悉 Excel 的新手需要好几个操作步骤才能得出结果，费时又费力；而高手只需要使用一个快捷键便可轻松搞定。

	新手	高手
打开多个 Excel 文件	逐个双击打开	选择多个文件按【Enter】键打开
新建一个 Excel 文件	【文件】→【新建】→选择空白工作簿	【Ctrl+N】组合键
删除多个没用的 Excel 工作表	逐个选择→单击右键→删除	先删除一个，选中其他工作表按【F4】键直接删除
选中表格某些行	选中第一行，向下拖动	选中第一行，按【Shift】键双击下边线
设置单元格格式	选中数值→右击→【设置单元格格式】→数字→选择相应格式	打开【格式】下拉列表框，一键搞定
输入日期	规规矩矩输入 2017-7-6	7-6
寻找重复行	排序→逐个看哪些是重复的	【开始】→【条件格式】→【突出显示单元格规则】→【重复值】

1.4 原来 Excel 可以这么学

　　打开 Excel 工作簿，面对着工作表中整齐划一的单元格，功能区中的各选项卡及选项卡下繁杂的按钮，你是否觉得想要学会使用 Excel 简直难如登天！任何事情换个角度，你会收到意想不到的结果，学会 Excel 并没有想象中的那么难，换个角度，Excel 原来可以这么学！

极简时光

关键词：快速输入数据 快速计算出结果 插入图表 快速筛选结果

一分钟

1.Excel 帮你快速输入数据

在 Excel 表格中输入数据时，你还在一个一个地输入吗？那样你就太"Out"了，使用 Excel 的自动填充功能，一秒钟帮你输入大量序列数据！

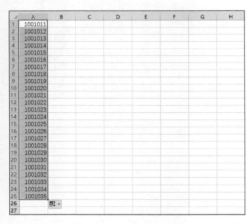

2. 使用函数公式快速计算出结果

你是否还在为计算大量数据而发愁呢？使用 Excel 内置的函数功能可快速计算出结果，既快又准。

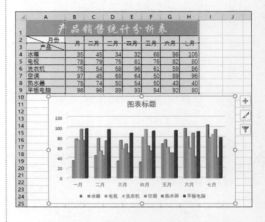

3. 通过表格插入图表

在 Excel 表中只有一排排的数据，未免显得有些单调。使用 Excel 中的插入图表的功能，可以使孤零零的数据以图表的形式展现出来，使数据变得形象立体化，根据不同的需求插入不同类型的图表，有利于更好地分析数据。

4. 利用 Excel 的筛选功能快速筛选想要的数据

面对表格中密密麻麻的数据，看着都有些头晕眼花，更别说在里面找数据了，使用 Excel 的筛选功能，就可以快速筛选出想要的数据。

看到 Excel 中这么多简单、实用的功能，是不是很想动手试一试呢！

第 2 课
工作簿必知必会

作为 Excel 表格的三大元素之一，掌握工作簿中的必备知识，是学会使用 Excel 表格的关键！

2.1 自动保存工作簿不丢失

极简时光

关键词： 自动保存 【选项】命令 【Excel 选项】对话框 【保存】选项 保存自动恢复信息时间间隔

一分钟

在工作中经常会因为忘记保存而导致工作表中数据丢失，为了避免这种事情再次发生，可以在使用 Excel 之前，先对 Excel 进行设置，使其自动保存工作簿，具体操作步骤如下。

01 启动 Excel 2016，并创建一个新的工作簿，选择【文件】选项卡，在出现的界面左侧选择【选项】命令。

02 弹出【Excel 选项】对话框，在左侧列表框中选择【保存】选项，在右侧【保存工作簿】选项区域中选中【保存自动恢复信息时间间隔】复选框和【如果我没保存就关闭，请保留上次自动恢复的版本】复选框，并设置间隔时间和自动恢复文件的位置。

这样通过自动恢复文件的位置，找到丢失的文件。

2.2 工作簿版本和格式转换

极简时光

关键词： 兼容模式 选择【另存为】选项 选择保存类型 转换为低版本

一分钟

Excel 的版本由 2003 更新到 2016，高版本的软件可以直接打开低版本软件创建的文档。如果要使用低版本软件打开高版本软件创建的文档，可以先将高版本软件创建的文档另存为低版本类型，再使用低版本软件打开即可对其进行编辑。

1. Office 2016 打开低版本文档

使用 Excel 2016 可以直接打开 Excel 2003、Excel 2007、Excel 2010、Excel 2013 格式的文件。将 Excel 2003 格式的文件在 Excel 2016 文档中打开时，标题栏中则会显示出"兼容模式"字样。

2. 低版本 Excel 软件打开 Excel 2016 文档

使用低版本 Excel 软件也可以打开 Excel 2016 创建的文件，只需要将其文件格式更改为低版本格式即可，具体操作步骤如下。

01 使用 Excel 2016 创建一个 Excel 工作簿，选择【文件】选项卡，在出现的界面左侧选择【另存为】选项，在右侧【这台电脑】选项下单击【浏览】按钮。

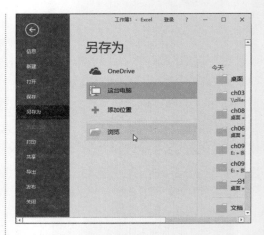

提 示

在 Excel 2010 中选择【文件】→【另存为】选项，会直接弹出【另存为】对话框。

02 弹出【另存为】对话框，在【保存类型】下拉列表中选择【Excel 97-2003 工作簿】选项，单击【保存】按钮即可将其转换为低版本。之后，即可使用 Excel 2003 打开。

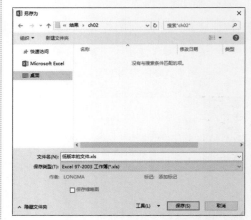

2.3 恢复未保存的工作簿

极简时光

关键词：【恢复未保存的工作簿】按钮 选择工作簿 打开未保存的工作簿 保存文件

一分钟

设置了工作簿的自动保存后，如果突然断电导致工作簿没有保存即被关闭，可以直接通过单击【恢复未保存的工作簿】按钮，快速恢复未保存的工作簿，具体操作步骤如下。

01 启动 Excel 2016，并创建一个新的工作簿，选择【文件】选项卡，在出现的界面左侧列表中选择【打开】选项，在中间选择【最近】选项，单击右下方的【恢复未保存的工作簿】按钮。

提 示

在 Excel 2010 中可以选择【文 件】→【最近所用文件】选项，在弹出的界面中单击右下角的【恢复未保存的工作簿】选项。

02 弹出【打开】对话框，选择要恢复的工作簿，单击【打开】按钮。

03 即可打开未保存的工作簿，在标题栏中显示出"只读"字样，单击功能区下方的【另存为】按钮。

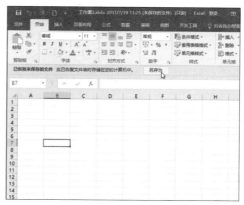

04 弹出【另存为】对话框，选择文件保存的位置，并在【文件名】文本框中输入文件的名称，单击【保存】按钮即可。

2.4 分享给更多人

在办公中，使用 Excel 的共享功能将工作簿分享给其他人，可实现资源共享，提高整个团队的工作效率，具体操作步骤如下。

极简时光

关键词：【保存到云】
按钮 登录【OneDrive】
上传到【OneDrive】【与
人共享】按钮

一分钟

01 打开随书光盘中的"素材\ch02\员工信息表.xlsx"工作簿，选择【文件】选项卡，在出现的界面左侧列表中选择【共享】选项，在中间选择【与人共享】选项，在右侧单击【保存到云】按钮。

02 打开【另存为】界面，在左侧选择【OneDrive】选项，在出现的【OneDrive】选项区域单击【登录】按钮。

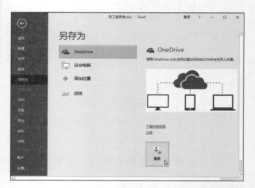

03 弹出【登录】对话框，输入 Microsoft 账号（若没有 Microsoft 账号，单击【创建一个】链接，在打开的界面中输入信息即可），单击【下一步】按钮。

04 弹出【输入密码】对话框，输入密码，
单击【登录】按钮。

05 返回【另存为】界面，账户信息已显示
在【OneDrive- 个人】下，选择【OneDrive-
个人】选项，在右侧选择【OneDrive- 个
人】文件。

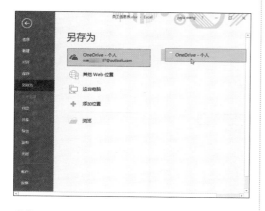

06 弹出【另存为】对话框，单击【保存】按钮，
即可将此工作簿上传到【OneDrive】中。

07 然后返回【文件】选项卡下的【信息】界面，
在左侧列表中选择【共享】选项。

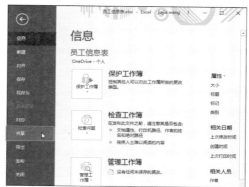

08 在出现的【共享】界面中单击【与人共
享】→【与人共享】按钮。

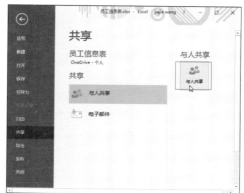

11

09 返回"员工信息表"工作界面，并弹出【共享】任务窗格，在【邀请人员】文本框中输入联系人的邮件地址，在下方的下拉列表框中选择【可编辑】选项，设置完成后，单击【共享】按钮，即可将此工作簿共享给他人。

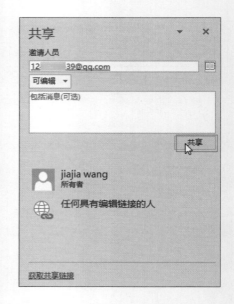

提 示

单击【共享】任务窗格下方的【获取共享链接】链接，获取共享链接，然后可以通过发送链接的方式将此工作簿分享给更多人。

在 Excel 2010 中共享工作簿的方法为：单击【审阅】选项卡下【更改】选项组中的【共享工作簿】按钮，即可实现工作簿的共享。

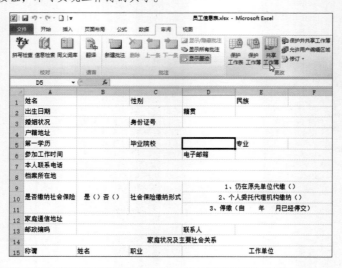

🐷 牛人干货

1. 删除最近使用过的工作簿记录

Excel 2016 可以记录下最近使用过的 Excel 工作簿，用户也可以将这些记录信息删除。

01 在 Excel 2016 程序中，选择【文件】选项卡，在出现的界面左侧选择【打开】选项，即可看到右侧显示了最近打开的工作簿信息。

在 Excel 2010 中，选择【文件】→【最近所用文件】选项，可以看到最近使用的工作簿信息和最近使用的文件夹位置。

02 右击要删除的记录信息，在弹出的快捷菜单中选择【从列表中删除】命令，即可将该记录信息删除。

03 如果用户要删除全部的记录信息，可以选择任意记录并右击，在弹出的快捷菜单中选择【清除已取消固定的工作簿】命令。

04 在弹出的提示框中单击【是】按钮。

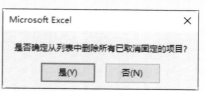

05 即可看到已清除了所有记录。

2. 生成 PDF 数据不被修改

将 Excel 工作簿另存为 PDF 格式，不仅方便不同用户阅读，也可以防止数据被更改，具体操作步骤如下。

01 打开随书光盘中的"素材\ch02\公司员工工资表.xlsx"工作簿，选择【文件】选项卡。

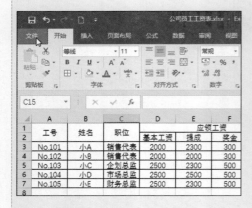

02 在出现的界面左侧，选择【另存为】选项，在中间【这台电脑】选项下单击【浏览】按钮。

03 在弹出的【另存为】对话框中选择文件要保存的位置，并在【文件名】文本框中输入"公司员工工资表"。

04 单击【保存类型】文本框右侧的下拉按钮，在弹出的下拉列表中选择【PDF（*.pdf）】选项。

05 返回【另存为】对话框，单击【选项】按钮。

06 弹出【选项】对话框，选中【发布内容】选项区域中的【整个工作簿】单选按钮，然后单击【确定】按钮。

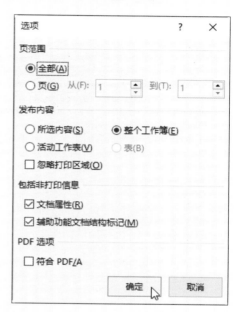

07 返回【另存为】对话框，单击【保存】按钮。

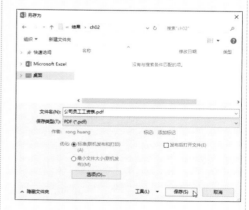

08 即可把"公司员工工资表"另存为PDF 格式。

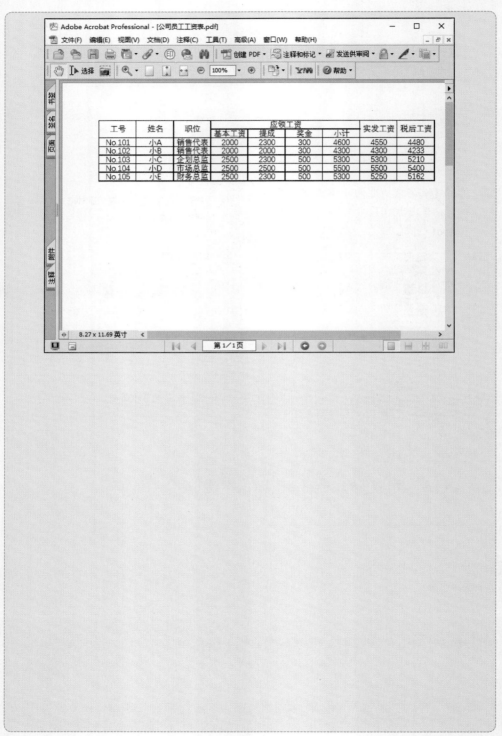

Adobe Acrobat Professional - [公司员工工资表.pdf]

文件(F)　编辑(E)　视图(V)　文档(D)　注释(C)　工具(T)　高级(A)　窗口(W)　帮助(H)

创建 PDF ▾　注释和标记 ▾　发送供审阅 ▾

选择　　🔍 ▾　　100%　　帮助 ▾

工号	姓名	职位	应领工资				实发工资	税后工资
			基本工资	提成	奖金	小计		
No.101	小A	销售代表	2000	2300	300	4600	4550	4480
No.102	小B	销售代表	2000	2000	300	4300	4300	4233
No.103	小C	企划总监	2500	2300	500	5300	5300	5210
No.104	小D	市场总监	2500	2500	500	5500	5500	5400
No.105	小E	财务总监	2500	2300	500	5300	5250	5162

8.27 x 11.69 英寸

第 1／1 页

第 2 篇

Excel 基础应用

第 3 课

工作表的基本操作

打开 Excel 工作簿，面对这些繁杂的功能按钮，你是否觉得无从下手呢？不要心急，俗话说，"一口吃不成胖子"，还需慢慢积累，下面就让我们先从工作表的基本操作开始，一步步地熟悉并学会使用 Excel。

3.1 默认工作表不够怎么办

Excel 2016 中默认打开的工作簿中只包含一张工作表，当一张工作表不够用时，就需要插入新的工作表，插入工作表的方法有 3 种。

1. 使用功能区

01 启动 Excel 2016，并创建一个新的工作簿，单击【开始】选项卡下【单元格】选项组中的【插入】下拉按钮，在弹出的下拉列表中选择【插入工作表】选项。

02 即可在工作表的前面创建一个新工作表。

2. 使用快捷菜单插入工作表

01 在 "Sheet1" 工作表标签上右击，在弹出的快捷菜单中选择【插入】选项。

02 弹出【插入】对话框，选择【工作表】选项，单击【确定】按钮。

3.2 快速选择工作表

极简时光

关键词： 单击工作表标签　快捷键　工作表导航按钮区域　选择要查看的工作表　快速定位

一分钟

03 即可在当前工作表的前面插入一个新工作表。

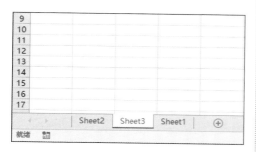

3. 使用【新工作表】按钮

单击工作表名称后的【新工作表】按钮，也可以快速插入新工作表。

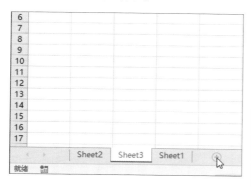

Excel 中一个工作簿最多可容纳 255 张工作表，若 Excel 中包含多张工作表，如何才能快速选择需要的表格呢？

下面就以随书光盘中的 "素材 \ch03\ 考勤表 .xlsx" 工作簿为例，来介绍快速选择工作表的 4 种方法。

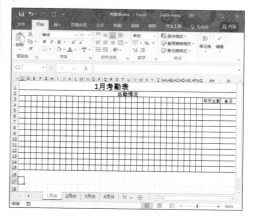

1. 在工作表标签上单击

在工作表标签上单击要查看的工作表，即可切换至此工作表。

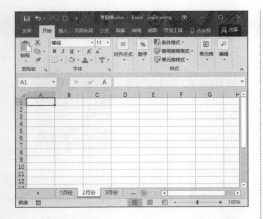

2. 使用快捷键

在相邻的工作表之间，可以按键盘上的【 Ctrl+PageUp 】或【 Ctrl+PageDown 】组合键，快速选择工作表。

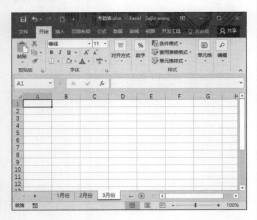

3. 使用工作表导航按钮

单击工作簿窗口左下角工作表导航按钮区域的【左】按钮◀或【右】按钮▶，快速选择工作表。

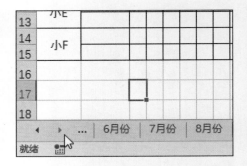

4. 右击工作表导航按钮区域任一位置

01 在工作簿窗口左下角的工作表导航按钮区域任一位置右击，弹出【激活】对话框，在【活动文档】列表框中选择要查看的工作表，这里选择"10月份"工作表，单击【确定】按钮。

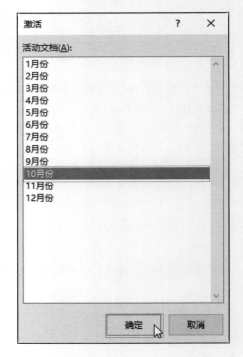

02 即可快速定位至"10 月份"工作表中。

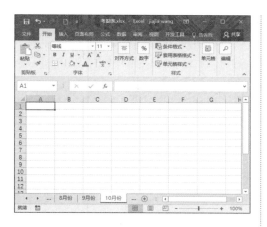

3.3 将工作表插入另一个工作簿中

使用 Excel 2016 可以将一张工作表插入另一个工作簿中，具体操作步骤如下。

01 打开随书光盘中的"素材\ch03\考勤表.xlsx"工作簿，单击快速访问工具栏中的【新建】按钮 。

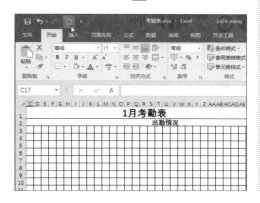

02 即可新建一个空白工作簿，并自动将其命名为"工作簿 1"。

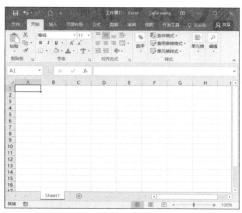

03 选择"考勤表"工作簿，在"1月份"工作表标签上右击，在弹出的快捷菜单中选择【移动或复制】选项。

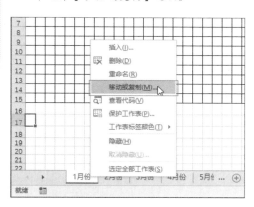

04 弹出【移动或复制工作表】对话框，单击【工作簿】文本框右侧的下拉按钮，在弹出的下拉列表中选择【工作簿 1】选项。

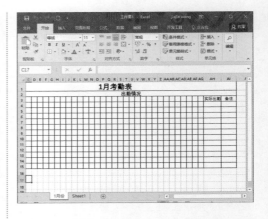

05 在【下列选定工作表之前】列表框中选择【Sheet1】选项，并选中【建立副本】复选框，单击【确定】按钮。

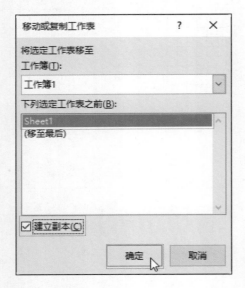

06 即可将"1月份"工作表插入"工作簿1"中，并插在"Sheet1"工作表之前。

3.4 改变工作表标签颜色

极简时光

关键词：【工作表标签颜色】选项 【主题颜色】面板 选择颜色

一分钟

Excel 中可以对工作表的标签设置不同的颜色，来区分工作表的内容分类及重要级别等，可以使用户更好地管理工作表。

01 打开随书光盘中的"素材\ch03\考勤表.xlsx"工作簿，选择要设置标签颜色的工作表，在工作表标签上右击，在弹出的快捷菜单中选择【工作表标签颜色】选项。

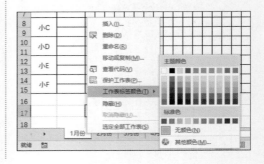

02 在弹出的【主题颜色】面板中选择【标准色】选项区域中的【红色】选项。

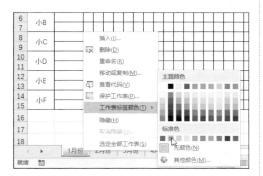

03 即可看到工作表的标签颜色已经更改为红色。

04 使用同样的方法为其他工作表标签设置颜色，效果如下图所示。

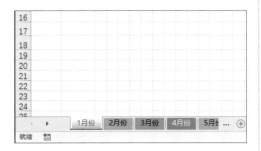

3.5 冻结窗口查看大表格

极简时光

关键词：【冻结窗格】按钮　【冻结首行】选项　【冻结首列】选项　【冻结拆分窗格】选项

一分钟

　　冻结窗口查看是指将指定区域冻结、固定，滚动条只对其他区域的数据起作用，以便在信息众多的表格中查看数据。具体操作步骤如下。

01 打开随书光盘中的"素材\ch03\客户表.xlsx"工作簿，单击【视图】选项卡下【窗口】选项组中的【冻结窗格】下拉按钮 冻结窗格▾，在弹出的下拉列表中选择【冻结首行】选项。

02 在首行下方会显示一条黑线，并固定首行，向下拖动垂直滚动条，首行会一直显示在当前窗口中。

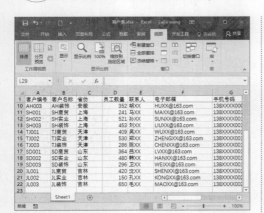

在【冻结窗格】下拉列表中选择【取消冻结窗格】选项，即可恢复到普通状态。

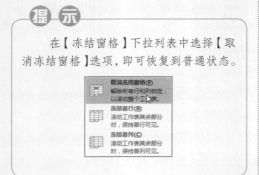

03 单击【视图】选项卡下【窗口】选项组中的【冻结窗格】下拉按钮 冻结窗格▼，在弹出的下拉列表中选择【冻结首列】选项。

04 在首列右侧会显示一条黑线，并固定首列，拖曳下方的水平滚动条，首列将一直显示在当前窗口中。

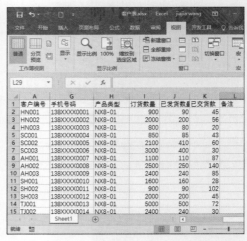

05 如果要同时冻结首行和首列，则选择 B2 单元格。

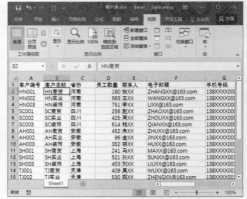

06 单击【视图】选项卡下【窗口】选项组中的【冻结窗格】下拉按钮 冻结窗格▼，在弹出的下拉列表中选择【冻结拆分窗格】选项。

07 则将会同时冻结首行和首列，拖曳下方的水平滚动条或者右侧的垂直滚动条，首列和首列将一直显示在当前窗口中。

提 示

如果冻结多行或多列，则同时选择多行或多列，选择【冻结拆分窗格】命令。

🐂 牛人干货

增加工作簿中工作表的默认数量

本课已经介绍了很多添加新工作表的方法，但每次打开工作簿都得先添加几张新的工作表，还是觉得有些麻烦，下面就来介绍一种一劳永逸的方法——增加工作簿中工作表的默认数量，具体操作步骤如下。

01 启动 Excel 2016，并创建一个新的工作簿，选择【文件】选项卡，在出现的界面中选择左侧列表中的【选项】选项。

02 弹出【Excel 选项】对话框，在左侧列表中选择【常规】选项卡，在右侧【新建工作簿时】选项区域的【包含的工作表数】文本框中输入想要设置的数量，这里输入"6"，单击【确定】按钮。

空白工作簿，即可看到在新建的"工作簿2"中包含有6张工作表。

03 返回 Excel 工作簿界面，单击快速访问工具栏中的【新建】按钮，新建一个

第 4 课

单元格的选择与定位

单元格的选择与定位是编辑 Excel 表格的第一步，准确并勇敢地走出第一步，才能在 Excel 的道路上越走越远。

选择合适的道路，才能越走越顺。

如何选择合适的单元格或区域？

如何快速定位单元格？

4.1 选择单元格

极简时光

关键词： 单击单元格 选定状态 名称框 输入单元格地址

一分钟

对单元格进行编辑操作，首先要选择单元格或单元格区域。启动 Excel 并创建新的工作簿时，默认情况下单元格 A1 处于自动选定状态。

单击某一单元格，若单元格的边框线变成绿色矩形边框，则此单元格处于选定状态。当前单元格的地址显示在名称框中，在工作表的单元格内，鼠标指针会呈➕形。

在名称框中输入目标单元格的地址，如"C4"，按【Enter】键即可选定第 C 列和第 4 行交会处的单元格。

4.2 选择单元格连续区域

单元格区域是多个单元格组成的区域，根据单元格组成区域的相互联系情况，分为连续区域和不连续区域。

极简时光

关键词： 连续区域 按住【Shift】键 扩展式选定 选择整行或整列

一分钟

1. 选择连续的单元格区域

连续区域是指多个单元格之间是相互连续的，连接的区域形状呈规则的矩形。连续区域的单元格地址标识一般使用"左上角单元格地址：右下角单元格地址"表示。

如果要选择连续的单元格区域，常用的方法有以下几种。

（1）选定一个单元格，按住鼠标左键在工作表中拖曳鼠标选择相邻的区域。

（2）选定一个单元格，按住【Shift】键，使用方向键选择相邻的区域。

（3）选定左上角的单元格，按住【Shift】键的同时单击该区域右下角的单元格，即可选中该单元格区域。

（4）选定一个单元格，按【F8】键，进入"扩展"模式，此时状态栏中显示"扩展式选定"字样，单击另一个单元格区域，即可选中该单元格区域。再次按【F8】或【Esc】键，退出"扩展"模式。

（5）在工作表名称框中输入连续区域的单元格地址，按【Enter】键，即可选择该区域。

（6）选定一个单元格，然后按【Ctrl+Shift+End】组合键将单元格选定区域扩展至工作表中最后一个所用单元格（右下角）。

（7）选定一个单元格，然后按【Ctrl+Shift+Home】组合键将单元格选定区域扩展至工作表开头。

如下图所示，即为一个连续区域，单元格地址为 A1:C5，包含了从 A1 单元格到 C5 单元格区域，共 15 个单元格。

2. 选择连续的整行或整列

在工作表中还可以选择单行、单列或连续的多行和多列。

将鼠标指针放在行标签或列标签上，当出现向右的箭头 ➡ 或向下的箭头 ⬇ 时，单击，即可选中该行或该列。

选中整行或整列后，在行标签或列标签上拖曳鼠标可以选择连续的多行或多列，也可以选择一行或一列后，按住【Shift】键选择其他行或列，就可选中连续的多行或多列。

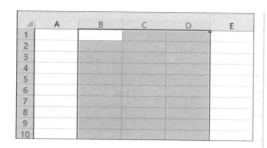

4.3 选择单元格不连续区域

极简时光

关键词： 选定区域　按
住【Ctrl】键　继续选定
区域　【Shift+F8】组合
键　"添加"模式

一分钟

有时需要选择不连续的单元格区域或不连续的整行和整列，它们的选择方法如下。

1. 选择不连续的单元格区域

不连续的单元格区域是指选择不相邻的单元格或单元格区域，不连续的单元格区域的单元格地址主要由单元格或单元格区域的地址组成，以","分隔，如"A1:B4,C7:C9,G10"即为一个不连续的单元格区域的单元格地址，表示该不连续的单元格区域包含了 A1:B4、C7:C9 两个单元格区域和一个 G10 单元格。

不连续的单元格区域的选择，可以使用

以下 3 种方法。

（1）选定一个单元格或单元格区域，按住【Ctrl】键，单击或拖曳鼠标选择多个单元格或单元格区域，选择完毕后，松开【Ctrl】键即可。

（2）选定一个单元格或单元格区域，按住【Shift+F8】组合键，可以进入"添加"模式，与【Ctrl】键效果相同，使用鼠标单击或拖曳鼠标选择多个单元格或单元格区域，选择完毕后，按【Esc】键或【Shift+F8】组合键退出"添加"模式。

（3）在工作表名称栏中输入不连续单元格区域的单元格地址，按【Enter】键，即可选择该单元格区域。

2. 选择不连续的整行或整列

选中整行或整列后，按住【Ctrl】键选择其他行或列，就可选择不连续的多行或多列。

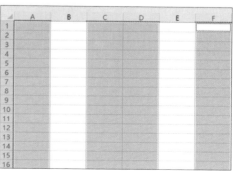

4.4 一次性选择所有单元格

关键词：【选定全部】
按钮 【Ctrl+A】组合键

一分钟

如果要选择所有单元格，即选择整个工作表，方法有以下两种。

（1）单击工作表左上角行号与列标相交处的【选定全部】按钮 ◢，即可选定整个工作表。

（2）按【Ctrl+A】组合键。

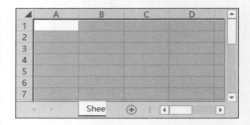

🎓 牛人干货

利用快捷键轻松选择单元格

除了本课介绍的选择单元格的方法外，还可以使用键盘上的按键选定单元格，具体如下表所示。

按键名称	作用
向上方向键	移动至向上一行单元格
向下方向键	移动至向下一行单元格
向左方向键	移动至向左一列单元格
向右方向键	移动至向右一列单元格
Ctrl+ 方向键	移动到当前数据的边缘
Shift+ 方向键	将单元格的选定范围扩大一个单元格
Page Up 键	移动至向上一屏单元格
Page Down 键	移动至向下一屏单元格
【Alt+Page Up】组合键	移动至向左一屏单元格
【Alt+Page Down】组合键	移动至向右一屏单元格
【Ctrl+Home】组合键	选择 Excel 表格中的第一个单元格
【Ctrl+End】组合键	选择 Excel 表格中的最后一个单元格

第 5 课
单元格合并拆分来去自如

合并单元格可以将多个连续的单元格区域合并为一个大的单元格，可以显示标题等内容，拆分单元格可以将合并后的单元格取消合并。

通过合并与拆分单元格提高制作 Excel 表格的效率的方法你知道吗？

5.1 一键搞定单元格合并与拆分

极简时光

关键词：【合并单元格】
选项 【合并后居中】
选项 【取消单元格合并】选项

一分钟

合并与拆分单元格是最常用的单元格操作，可以满足用户编辑表格中数据的需求。

1. 合并单元格

合并单元格是指在 Excel 工作表中将两个或多个选定的相邻单元格合并成一个单元格。合并单元格的具体操作步骤如下。

01 选择单元格区域 A1:C1，单击【开始】选项卡下【对齐方式】选项组中的【合并后居中】下拉按钮，在弹出的下拉列表中选择【合并单元格】选项。

02 即可将选择的单元格区域合并。单元格合并后，将使用原始区域左上角的单元格地址来表示合并后的单元格地址。

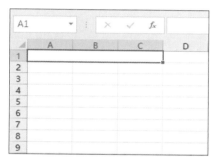

提 示

如果要将单元格合并后并让内容居中显示，可以选择【合并后居中】选项。

2. 拆分单元格

合并单元格后还可以将合并后的单元格拆分成多个单元格。

选择合并后的单元格，单击【开始】选项卡下【对齐方式】选项组中的【合并后居中】下拉按钮，在弹出的下拉列表中选择【取消单元格合并】选项。即可取消单元格区域的合并，恢复成合并前的单元格。

在合并后的单元格上右击，在弹出的快捷菜单中选择【设置单元格格式】选项，弹出【设置单元格格式】对话框，在【对齐】选项卡中取消选中【合并单元格】复选框，然后单击【确定】按钮，也可拆分合并后的单元格。

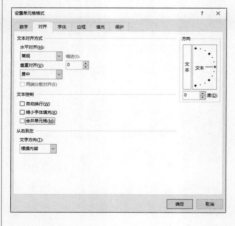

5.2 让合并单元格保留数值

极简时光

关键词： 剪切文本　粘贴文本　【合并单元格】选项　【功能扩展】按钮　删除多余的内容

一分钟

要合并的单元格区域包含多个值时，执行合并单元格的操作时，将会弹出提示框，提示仅保留左上角的值，放弃其他的值。

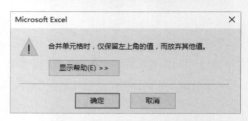

如果需要将单元格区域内所有的值都保留，可以按照下面的方法操作。

01 打开随书光盘中的"素材 \ch05\ 合并单元格时保留所有数值 .xlsx"文件，如果需要将 A1:B4 单元格区域合并并保留所有值，选择 A1:B4 单元格区域，按【Ctrl+X】组合键剪切文本。

02 在 A1:B4 单元格区域外选择任意单元格，按【Ctrl+V】组合键。

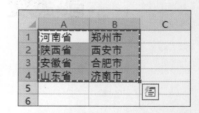

03 选择 A1:B4 单元格区域，单击【开始】选项卡下【对齐方式】选项组中的【合并后居中】下拉按钮，在弹出的下拉列表中选择【合并单元格】选项，将其合并。

04 双击合并后的 A1 单元格，进入编辑状态。单击【开始】选项卡下【剪贴板】选项组中的【功能扩展】按钮，打开【剪贴板】窗格。

05 单击【单击要粘贴的项目】列表框中剪切的文本内容，即可将其粘贴至 A1 单元格中。

06 删除多余的内容，就完成了让合并单元格保留数值的操作。

5.3 批量合并相同内容的单元格

极简时光

关键词：【创建数据透视表】对话框 【数据透视表字段】窗格 【以表格形式显示】选项

一分钟

制作 Excel 表格时，有时需要合并很多相同内容的单元格，如果这些内容很多，不仅烦琐，还浪费时间，降低工作效率。使用数据透视表批量合并相同内容单元格的具体操作步骤如下。

01 打开随书光盘中的"素材 \ch05\ 批量合并相同内容的单元格 .xlsx"文件，单击【插入】选项卡下【表格】选项组中的【数据透视表】按钮。

02 弹出【创建数据透视表】对话框, 选中【选择一个表或区域】单选按钮, 并在下方选择所有的表格内容, 在【选择放置数据透视表的位置】选项区域选中【新工作表】单选按钮, 单击【确定】按钮。

03 系统弹出【数据透视表字段】窗格, 将"省份""城市"均放置在行标签中。

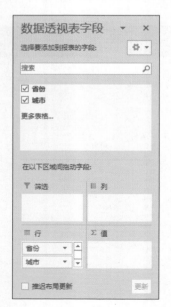

04 选中数据透视表, 单击【设计】选项卡

下【布局】选项组中的【报表布局】下拉按钮, 在弹出的下拉列表中选择【以表格形式显示】选项。

05 单击【分类汇总】下拉按钮, 在弹出的下拉列表中选择【不显示分类汇总】选项。

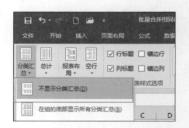

06 再次选中数据透视表并右击, 在弹出的快捷菜单中选择【数据透视表选项】命令。

07 弹出【数据透视表选项】对话框, 在【布局和格式】选项卡的【布局】选项区域中选中【合并且居中排列带标签的单元

格】复选框，单击【确定】按钮。

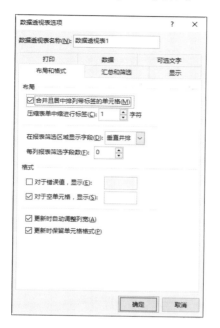

08 表格中所有记录中相同的内容就自动合并完成。之后根据需要设置表格的样式即可。

🐂 牛人干货

合并单元格快速求和

对单元格分类合并后，如果需要计算每一类的数值，如下图所示，数据较少时计算比较简单，但是分类较多时该如何计算呢？其计算方法如下。

	A	B	C	D
1	**产品名称**	**销售数量**		
2		100		
3	冰箱	200		
4		300		
5		150		
6	洗衣机	250		
7		350		
8		150		
9	空调	200		
10		250		
11		300		
12				
13				
14				

01 打开随书光盘中的"素材\ch05\销售表.xlsx"文件，选择 A 列，单击【开始】选项卡下【剪贴板】选项组中的【格式刷】按钮。

02 在 C 列列标签上单击，将其格式应用至 C 列中。

03 选择 C2:C11 单元格区域，输入公式"=SUM(B2:B11) − SUM(C3:C11)"。

04 按【Ctrl+Enter】组合键，即可计算出合并单元格后每一项的和。

	A	B	C
1	产品名称	销售数量	
2			100	
3	冰箱	200	600
4		300	
5		150	
6	洗衣机	250	750
7		350	
8		150	
9	空调	200	900
10		250	
11		300	
12			
13			

第 6 课
调整行高列宽的秘密

　　Excel 工作表中每一行的行高和列宽都是默认的，如果单元格的宽度或高度不足，会导致数据显示在其他单元格中或显示不完整，从而使整张表格显得杂乱拥挤。因此，适当的行高和列宽是表格布局合理且美观的关键，那么如何调整表格的行高和列宽呢？下面就让我们一起来探索调整行高和列宽的秘密吧。

6.1 精确调整行高和列宽

极简时光

关键词：【格式】按钮
【行高】选项 【列宽】
选项 调整其他行和列

一分钟

　　在 Excel 2016 中，用户可以根据需要，通过设定行高和列宽的具体数值，实现表格行高和列宽的精确调整，具体操作步骤如下。

01 打开随书光盘中的"素材\ch06\销售业绩表.xlsx"工作簿，选择 A1 单元格。

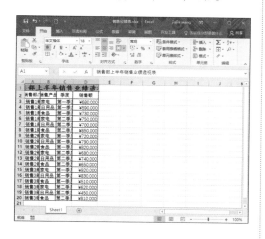

02 单击【开始】选项卡下【单元格】选项组中的【格式】下拉按钮，在弹出的下拉列表中选择【行高】选项。

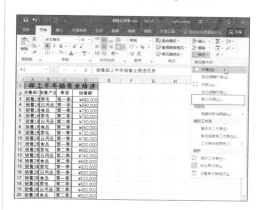

03 弹出【行高】对话框，在【行高】文本框中输入"28"，单击【确定】按钮。

04 返回 Excel 工作表界面，即可看到设置后的 A1 单元格的行高效果。

	A	B	C	D	E	F
1	部上半年销售业绩透视					
2	销售部门	销售产品	季度	销售额		
3	销售1部	家电	第一季	¥680,000		
4	销售1部	日用品	第一季	¥590,000		
5	销售1部	食品	第一季	¥730,000		
6	销售1部	家电	第二季	¥750,000		
7	销售1部	日用品	第二季	¥700,000		
8	销售1部	食品	第二季	¥650,000		
9	销售2部	家电	第一季	¥720,000		
10	销售2部	日用品	第一季	¥790,000		
11	销售2部	食品	第一季	¥820,000		
12	销售2部	家电	第二季	¥680,000		
13	销售2部	日用品	第二季	¥740,000		
14	销售2部	食品	第二季	¥650,000		
15	销售3部	家电	第一季	¥920,000		
16	销售3部	日用品	第一季	¥830,000		
17	销售3部	食品	第一季	¥510,000		
18	销售3部	家电	第二季	¥620,000		
19	销售3部	日用品	第二季	¥450,000		
20	销售3部	食品	第二季	¥810,000		

05 选中 A 列，单击【开始】选项卡下【单元格】选项组中的【格式】下拉按钮 格式，在弹出的下拉列表中选择【列宽】选项。

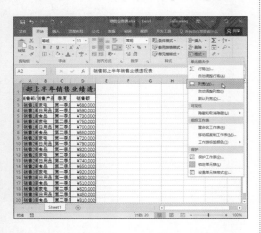

06 弹出【列宽】对话框，在【列宽】文本框中输入 "10"，单击【确定】按钮。

07 返回 Excel 工作表界面，即可看到设置后的 A 列列宽的效果。

	A	B	C	D	E	F
1	售部上半年销售业绩透视					
2	销售部门	销售产品	季度	销售额		
3	销售1部	家电	第一季	¥680,000		
4	销售1部	日用品	第一季	¥590,000		
5	销售1部	食品	第一季	¥730,000		
6	销售1部	家电	第二季	¥750,000		
7	销售1部	日用品	第二季	¥700,000		
8	销售1部	食品	第二季	¥650,000		
9	销售2部	家电	第一季	¥720,000		
10	销售2部	日用品	第一季	¥790,000		
11	销售2部	食品	第一季	¥820,000		
12	销售2部	家电	第二季	¥680,000		
13	销售2部	日用品	第二季	¥740,000		
14	销售2部	食品	第二季	¥650,000		
15	销售3部	家电	第一季	¥920,000		
16	销售3部	日用品	第一季	¥830,000		
17	销售3部	食品	第一季	¥510,000		
18	销售3部	家电	第二季	¥620,000		
19	销售3部	日用品	第二季	¥450,000		
20	销售3部	食品	第二季	¥810,000		
21						

08 使用同样的方法调整其他行和列的行高和列宽，最终效果如下。

	A	B	C	D	E
1	销售部上半年销售业绩透视表				
2	销售部门	销售产品	季度	销售额	
3	销售1部	家电	第一季度	¥680,000	
4	销售1部	日用品	第一季度	¥590,000	
5	销售1部	食品	第一季度	¥730,000	
6	销售1部	家电	第二季度	¥750,000	
7	销售1部	日用品	第二季度	¥700,000	
8	销售1部	食品	第二季度	¥650,000	
9	销售2部	家电	第一季度	¥720,000	
10	销售2部	日用品	第一季度	¥790,000	
11	销售2部	食品	第一季度	¥820,000	
12	销售2部	家电	第二季度	¥680,000	
13	销售2部	日用品	第二季度	¥740,000	
14	销售2部	食品	第二季度	¥650,000	
15	销售3部	家电	第一季度	¥920,000	
16	销售3部	日用品	第一季度	¥830,000	
17	销售3部	食品	第一季度	¥510,000	
18	销售3部	家电	第二季度	¥620,000	
19	销售3部	日用品	第二季度	¥450,000	
20	销售3部	食品	第二季度	¥810,000	
21					

6.2 鼠标调整行高和列宽

极简时光

关键词：拖曳鼠标　调整行和列　宽度工具提示

一分钟

使用鼠标可快速调整单元格的行高和列宽，具体操作步骤如下。

01 打开随书光盘中的"素材\ch06\销售业绩表.xlsx"文件。将鼠标指针移动到第1行与第2行的行号之间，当鼠标指针变成╋形状时，按住鼠标左键向上拖曳使行高变低，向下拖曳使行高变高。

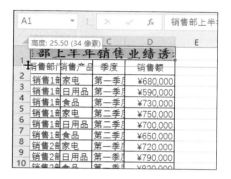

02 向下拖曳到合适位置时，松开鼠标左键，即可增加行高。

03 将鼠标指针移动到第1列与第2列两列的列标之间，当鼠标指针变成╋形状时，按住鼠标左键向左拖曳鼠标可以使列变窄，向右拖曳则可使列变宽。

04 向右拖曳到合适位置，松开鼠标左键，即可增加列宽。

提 示

拖曳时将显示出以点和像素为单位的宽度工具提示。

6.3 行高列宽自动调整

极简时光

关键词：【格式】按钮【自动调整列宽】选项调整其他行和列

一分钟

在 Excel 中，除了手动调整行高与列宽外，还可以将单元格设置为根据单元格内容自动调整行高或列宽，具体操作步骤如下。

01 在"销售业绩表"中，选择要调整的行或列，如这里选择 A 列。单击【开始】选项卡下【单元格】选项组中的【格式】下拉按钮 格式▾，在弹出的下拉列表中选择【自动调整列宽】选项。

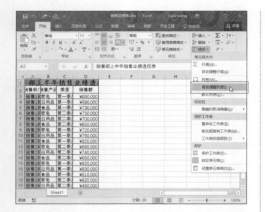

02 自动调整列宽的效果如下。

03 使用相同的方法自动调整其他行和列的行高和列宽，调整后的效果如下。

6.4 批量调整行高和列宽

极简时光

关键词： 选择 A、B、C 三列 拖曳鼠标 同时增加列宽

一分钟

在"销售业绩表"中，A、B、C 列列宽过窄，可以同时对其进行调整，具体操作步骤如下。

01 按住【Shift】键选择 A、B、C 三列，将鼠标指针放置在任意两列的列标之间，然后拖曳鼠标，向右拖曳可增加列宽。

02 向右拖曳到合适位置时松开鼠标左键，即可同时增加 A、B、C 三列的列宽。

03 使用同样的方法也可增加其他行的行高，调整后最终效果如下。

	A	B	C	D	E	F	G
1	销售部上半年销售业绩透视表						
2	销售部门	销售产品	季度	销售额			
3	销售1部	家电	第一季度	¥680,000			
4	销售1部	日用品	第一季度	¥590,000			
5	销售1部	食品	第一季度	¥730,000			
6	销售1部	家电	第二季度	¥750,000			
7	销售1部	日用品	第二季度	¥700,000			
8	销售1部	食品	第二季度	¥650,000			
9	销售2部	家电	第一季度	¥720,000			
10	销售2部	日用品	第一季度	¥790,000			
11	销售2部	食品	第一季度	¥820,000			
12	销售2部	家电	第二季度	¥680,000			
13	销售2部	日用品	第二季度	¥740,000			
14	销售2部	食品	第二季度	¥650,000			
15	销售3部	家电	第一季度	¥920,000			
16	销售3部	日用品	第一季度	¥830,000			
17	销售3部	食品	第一季度	¥510,000			
18	销售3部	家电	第二季度	¥620,000			
19	销售3部	日用品	第二季度	¥450,000			
20	销售3部	食品	第二季度	¥810,000			
21							

 提 示

选择要调整的所有行和列后，不仅可以使用手动调整，还可以精确调整所选行和列的宽度和高度。

如果要调整工作表中所有列的宽度，单击【全选】按钮 ◢，然后拖曳任意列标题的边界调整行高或列宽。

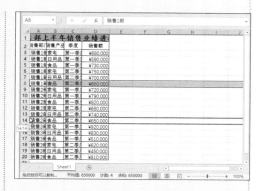

🐮 **牛人干货**

1. 在 Excel 中快速移动行或列

在 Excel 中移动行或列的方法有很多种，下面介绍一种快速移动行或列的方法，以移动行为例。具体操作步骤如下。

01 打开随书光盘中的"素材 \ch06\ 销售业绩表 .xlsx"工作簿，单击第 8 行的行号选中第 8 行，把鼠标指针指向第 8 行的边缘，当鼠标指针变为 形状时，按住【Shift】键，同时按住鼠标左键向下拖曳鼠标。在拖曳过程中，会出现一条横线，当横线到达第 14 行上边缘时，界面上会出现"14:14"的提示。

02 此时，松开鼠标左键，即可完成行移动。

2. 使用复制格式法调整行高或列宽

如果要将一列的列宽调整为与其他列的宽度相同，可以使用复制格式的方法。具体操作步骤如下。

01 打开随书光盘中的"素材 \ch06\ 销售业绩表 .xlsx"工作簿，选择宽度合适的行或列，如这里选择 D 列，按【Ctrl+C】组合键进行复制操作。

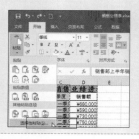

02 同时选择要调整的 A 列、B 列和 C 列。单击【开始】选项卡下【剪贴板】选项组中的【粘贴】下拉按钮，在弹出的下拉列表中选择【选择性粘贴】选项。

03 弹出【选择性粘贴】对话框，选中【粘贴】选项区域中的【列宽】单选按钮，然后单击【确定】按钮。

04 返回 Excel 工作表界面，即可看到所选的 A 列、B 列和 C 列的列宽被设置为与 D 列相同的列宽。

第 7 课

数据的规范决定表的质量

古话说："不以规矩，不能成方圆。"凡事都需讲求规则，只有在遵循这些规则的前提下，才能充分发挥主观能动性，创造出更多无限可能。

7.1 Excel 数据输入规范的重要性

极简时光

关键词： 勿用合并单元格 勿把标题放入工作表 勿用空行或空列

一分钟

不规范的数据源在日常办公中给用户带来了很多不必要的麻烦，以下说明了几种常见的错误。

1. 勿用合并单元格

Excel 提供的合并单元格功能可以使用户更加直观地查看工作表中的数据，但是并不是所有的地方都可以使用合并单元格的功能，如在需要对数据进行汇总和处理的工作表中是不可用的，原因在于规范的数据源表格是所有的单元格都需要填满。

下面举例说明对工作表数据进行筛选、排序时发生的错误。

筛选：需要筛选"小 A"的信息，得到的筛选结果如下，但是显然筛选结果是不正确的，关于"小 A"的信息有 3 条而结果却只有 1 条。

姓名	日期	名称	数量
小A	3月7号	G124	131

排序：若需要对数量进行排序，则系统会提示以下错误。

2. 勿把标题放入工作表

常常在 Excel 表格里看到如下图 1 所示的标题，但是其实这是错误的，Excel 的首行用于显示每列数据的属性，正如表中的"姓名""日期""名称"等，是进行数据排列和筛选的字段依据。而下图 1 的表格只是想告诉大家它是什么表格，除此之外没有什么作用，那为什么不直接像下图 2 一样标识呢？Excel 本就提供这样一种直观看到标题的方法。

	A	B	C	D
1	员工销量统计表			
2	姓名	日期	名称	数量
3	小A	3月7号	G124	131
4		3月8号	G216	142
5		3月9号	G209	88
6	小B	3月7号	G231	210
7		3月8号	G299	164
8		3月9号	G146	96

（图 1）

（图 2）

3. 勿用空行或空列

如下图所示的"员工工资条"中，每个员工的工资条之间都使用了空白行隔开，是为了员工能更加直观地看到他们各自的工资情况，但是保持数据的连续性是非常重要的，当需要对数据进行筛选的时候，如果没有空白行，选中其中任一单元格就行了，如果有空白行，必须选中所有的单元格才可进行筛选。不仅筛选如此，公式、排序等都会出现问题。隔断数据的方法还有利用单元格边框及套用单元格等。

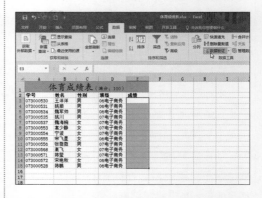

7.2 Excel 对数据量的限制

极简时光

关键词： 设定范围 【数据验证】按钮 【介于】选项 出错警告 【输入错误】提示框

一分钟

在单元格中输入数据时，有时会不小心输错，给工作带来很多不必要的麻烦，但是如果能在输入数据之前，给数据设定一个范围，就能最大限度地避免出现错误数据。具体操作步骤如下。

01 打开随书光盘中的"素材\ch07\体育成绩表.xlsx"工作簿，选择 E3:E15 单元格区域，单击【数据】选项卡下【数据工具】选项组中的【数据验证】按钮 ░ 数据验证 ▾。

02 弹出【数据验证】对话框，选择【设置】选项卡，在【允许】下拉列表框中选择【整数】选项。

03 在【数据】下拉列表框中选择【介于】选项，在【最小值】文本框中输入"0"，在【最大值】文本框中输入"100"（此次体育成绩考试满分为100，所以不能超过100），设置完成后，单击【确定】按钮。

04 选择【输入信息】选项卡，选中【选定单元格时显示输入信息】复选框，在【标题】文本框中输入"请输入成绩"，在【输入信息】文本框中输入"请输入0 ~ 100分的成绩！"

05 选择【出错警告】选项卡，选中【输入无效数据时显示出错警告】复选框，在【样式】下拉列表框中选择【停止】选项，在【标题】文本框中输入"输入错误"，在【错误信息】文本框中输入"输入的成绩不在0 ~ 100范围内，请正确输入！"设置完成后单击【确定】按钮。

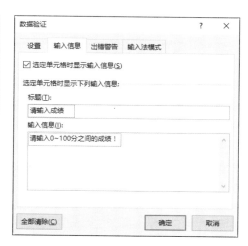

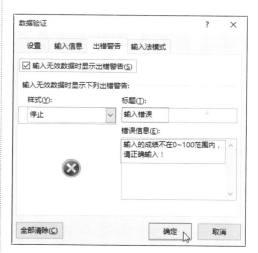

06 单击 E3:E15 单元格区域中的任意一个单元格，可看到显示的提示信息。

07 选择 E3 单元格，并输入 "120"，按【Enter】键，则会弹出【输入错误】提示框，提示输入的信息有误，单击【重试】按钮，即可重新输入。

08 正确输入成绩后的效果如下。

7.3 Excel 对数据类型的设置

极简时光

关键词： 数据类型 【设置单元格格式】对话框【常规】下拉按钮

一分钟

Excel 提供有 12 种数据类型，包括常规、数值、货币、会计专用、日期、时间、百分比、分数、科学计数、文本、特殊、自定义等多种数据类型。选择一个单元格并右击，在弹出的下拉列表中选择【设置单元格格式】选项，弹出【设置单元格格式】对话框，选择【数字】选项卡，左侧列表中列出了各种数据的类型。

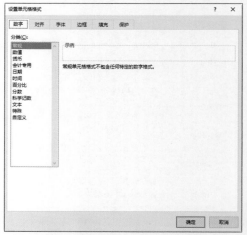

通常使用的设置数据类型的方式有两种。

1. 在【设置单元格格式】对话框中设置

01 启动 Excel 2016，新建一个空白工作簿，并在表格中输入如下图所示的内容，选择 B2:B6 单元格区域。

02 右击选中的区域，在弹出的快捷菜单中选择【设置单元格格式】选项。

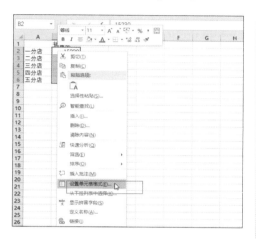

03 选择【数字】选项卡，在【分类】列表框中选择【数值】选项，在右侧设置【小数位数】为"1"，选中【使用千位分隔符】复选框，单击【确定】按钮。

04 效果如下图所示。

2. 在功能区中设置

01 启动 Excel 2016，新建一个空白工作簿，并在表格中输入如下图所示的内容，选择 B2:B6 单元格区域。单击【开始】选项卡下【数字】选项组中的【常规】文本框右侧的下拉按钮 ，在弹出的下拉列表中选择【货币】选项。

02 即可完成单元格格式的设置，效果如下图所示。

7.4 统一日期格式

极简时光

关键词： 输入日期　设置单元格格式　选择日期类型　统一日期格式

一分钟

有的人喜欢用日月年或月日年来表示时间，有的人则习惯用年月日，又或者用阿拉伯数字，强大的 Excel 贴心为用户提供了多种不同的日期格式，用户可以根据需要进行设置，具体操作步骤如下。

01 新建工作簿，并在 B1:B8 单元格区域中输入不同格式的日期。

02 选中 B1:B8 单元格区域，单击【开始】选项卡下【单元格】选项组中的【格式】按钮 格式，在弹出的下拉列表中选择【设置单元格格式】选项。

03 弹出【设置单元格格式】对话框，选择【数字】选项卡，在【分类】列表框中选择【日期】选项，在右侧【类型】列表框中选择一种日期类型，设置完成后单击【确定】按钮。

04 返回 Excel 工作表界面，即可看到不同格式的日期被统一成了一种日期格式。

7.5 数据与单位的分离

极简时光

关键词：输入数据　输入公式　自动填充功能

一分钟

在输入信息时，通常会将数据与其单位分离写在不同的单元格中，这样有利于数据的运算，但是也会出现数据与单位出现在同一个单元格的情况，这时要运用到公式进行分离，具体操作步骤如下。

01 新建空白工作簿，并在单元格中输入如下图所示的数据。

02 选中 B2 单元格，在编辑栏中输入公式 "=LEFT(A2,SUMPRODUCT(--ISNUMBER(--LEFT(A2,ROW(INDIRECT("1:"&LEN(A2)))))))"。

04 按【Enter】键，即可看到数据和单位已分离。

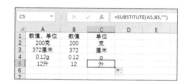

03 选中 C2 单元格，在编辑栏中输入公式 "=SUBSTITUTE(A2,B2,"")"。

05 使用自动填充功能，将其他的数据和单位分离，最终效果如下图所示。

🤖 牛人干货

巧用选择性粘贴

　　使用选择性粘贴有选择地粘贴剪贴板中的数值、格式、公式、批注等内容，使复制和粘贴操作更灵活。使用选择性粘贴将表格内容转置的具体操作步骤如下。

01 打开随书光盘中的"素材 \ch07\ 转置表格内容 .xlsx"工作簿，选择 A1:C9 单元格区域，单击【开始】选项卡下【剪贴板】选项组中的【复制】按钮 📋 复制 ▼ 。

02 选中要粘贴的单元格，这里选择 A12 单元格并右击，在弹出的快捷菜单中选择【选择性粘贴】→【选择性粘贴】命令。

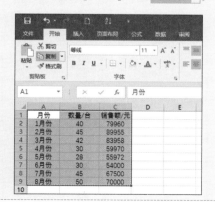

03 在弹出的【选择性粘贴】对话框中选中【转置】复选框，单击【确定】按钮。

04 即可看到使用选择性粘贴将表格转置后的效果。

	A	B	C	D	E	F	G	H	I
1	月份	数量/台	销售额/元						
2	1月份	40	79960						
3	2月份	45	89955						
4	3月份	42	83958						
5	4月份	30	59970						
6	5月份	28	55972						
7	6月份	30	54000						
8	7月份	45	67500						
9	8月份	50	70000						
10									
11									
12	月份	1月份	2月份	3月份	4月份	5月份	6月份	7月份	8月份
13	数量/台	40	45	42	30	28	30	45	50
14	销售额/元	79960	89955	83958	59970	55972	54000	67500	70000
15									
16									
17									
18									

快速输入数据

速度造就了成功，没有速度就没有成功。在 Excel 中同样如此，快速地输入数据，是在工作中不可或缺的法宝。

提高输入数据的速度，是提升工作效率的有效方法。

如何快速输入相同的信息？

如何保证输入的信息无误？

8.1 批量输入相同信息

极简时光

关键词：选择单元格区域　输入内容　【Ctrl+Enter】组合键　选择多个工作表

一分钟

如果要在 Excel 的不同单元格中输入相同的内容，可以通过复制、粘贴或填充的方法来提高速度，但单元格数量多的话，或者单元格区域不工整的情况下，效率并不会太高，那如何才能在不同单元格中批量输入相同的数据信息呢？

1. 在同一个工作表中输入相同信息

在同一个工作表的多个单元格中批量输入相同信息的具体操作步骤如下。

01 选择要输入相同信息的单元格区域。

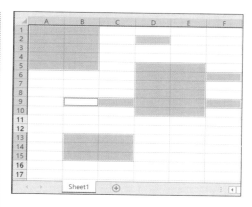

02 输入内容，如这里输入 "Excel"。

默认会在最后一个选择的单元格内显示输入的内容。

03 按【Ctrl+Enter】组合键，即可看到选择的单元格区域内均输入了"Excel"数据。

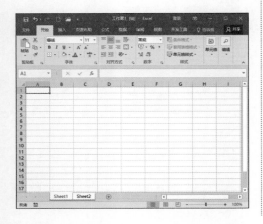

2. 在不同工作表中输入相同信息

如果在一个工作簿的多个工作表中需要输入相同的数据，如相同的行标题，列标题等，也可快速一次输入，具体操作步骤如下。

01 按住【Ctrl】键，同时选择多个工作表，可以在标题栏中看到显示"组"，表明选择了多个工作表。

02 然后根据需要在 A1 单元格中输入列标题"学号"。

03 根据需要选择其他单元格并输入相应的内容。

04 输入完成后，单击"Sheet2"工作表，可以看到其中也输入了相同的内容。

提 示

同时选择两个工作表中要输入相同内容的单元格区域，并同时选择两个工作表，按【Ctrl+Enter】组合键，可以同时在两个工作表选择的单元格区域内输入相同内容。

8.2 输入数据时自动添加小数点

极简时光

关键词：【Excel 选项】
对话框　自动插入小数点　输入数据

一分钟

对于一些从事会计、财务工作的人员来说，输入的数据中经常要包含小数点，如果小数点的位数是固定的，可以设置输入数据时自动添加小数点，具体操作步骤如下。

01 选择【文件】→【选项】命令。

02 打开【Excel 选项】对话框，选择【高级】选项卡，在【编辑选项】选项区域中选中【自动插入小数点】复选框，在【位数】微调框中输入"2"，单击【确定】按钮。

03 选择 A1 单元格，如果要输入 100.05，可以直接输入 10005，按【Enter】键，即可显示为"100.05"。

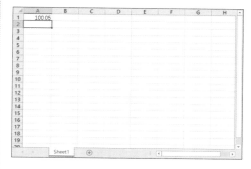

04 使用同样的方法，可以输入其他数据。

	A	B	C	D	E
1	100.05				
2	0.8				
3	5.05				
4	100				
5					
6					
7					
8					
9					
10					
11					
12					

8.3 输入数据时自动放大 100 倍

极简时光

关键词：【Excel 选项】
对话框　自动插入小数
点　输入位数

一分钟

输入数据时，自动添加两位小数点，相当于将数据缩小了 1%，那么如何让输入的数据自动放大 100 倍？输入数据时自动放大 100 倍的设置方法如下。

01 选择【文件】→【选项】命令。

02 打开【Excel 选项】对话框，选择【高级】选项卡，在【编辑选项】选项区域中选中【自动插入小数点】复选框，在【位数】微调框中输入"-2"，单击【确定】按钮。

03 选择 A1 单元格，再次输入 100，按【Enter】键，即可显示为"10000"。

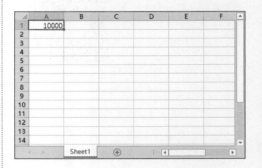

8.4 利用自动更正快速输入

极简时光

关键词：自动更正　【自动更正选项】按钮　【替换】文本框　输入内容

一分钟

在输入一个经常使用但字数较多的名称或内容，如输入"河南省郑州市金水区花园北路"文本时，就可以利用自动更正快速输入，具体操作步骤如下。

01 选择【文件】→【选项】命令。

02 打开【Excel 选项】对话框，选择【校对】选项卡，在【自动更正选项】选项区域单击【自动更正选项】按钮。

03 弹出【自动更正】对话框,选择【自动更正】选项卡，在下方【替换】文本框中输入"hzj"，在【为】文本框中输入"河南省郑州市金水区花园北路"，单击【添加】按钮，并单击【确定】按钮。

04 返回【Excel 选项】对话框，单击【确定】按钮，在 A1 单元格中输入"hzj"。

05 按【Enter】键，即可显示为"河南省郑州市金水区花园北路"。

8.5 如何输入身份证号码

常用的身份证号码为 18 位，在输入身份证号码时，单元格的宽度不足时，将会以科学计数法的形式显示数据，可以通过下面的两种方法输入身份证号码。

1. 输入英文单引号 " ' "

在输入身份证号码之前，先输入英文状态下的单引号 " ' "，然后再输入身份证号码。

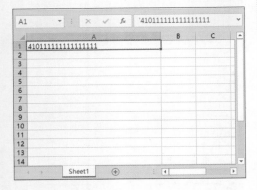

2. 设置单元格格式为 "文本"

除了输入英文单引号外，还可以将单元格格式设置为 "文本" 格式，之后再输入身份证号码，具体操作步骤如下。

01 选择要输入身份证号码的单元格或单元格区域并右击，在弹出的快捷菜单中选择【设置单元格格式】命令。

02 弹出【设置单元格格式】对话框，选择【数字】选项卡，在【分类】列表框中选择【文本】选项，单击【确定】按钮。

03 即可在单元格中输入身份证号码。

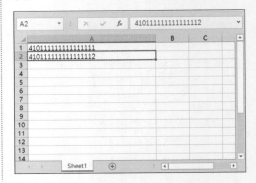

牛人干货

1.分数怎么变成日期了

在 Excel 工作表中输入分数，如输入"4/5"，按【Enter】键，将会显示为"4 月 5 日"。这是因为输入日期时，默认使用"/""-"分割年月日，如果必须要输入分数，有两种方法。

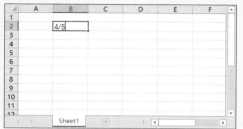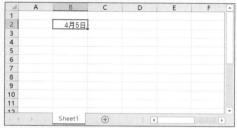

方法一

在输入分数时，先输入一个空格，再输入"4/5"，即可显示为分数形式。

方法二

01 选择要输入分数的单元格或单元格区域并右击，在弹出的快捷菜单中选择【设置单元格格式】命令，弹出【设置单元格格式】对话框，选择【数字】选项卡，在【分类】列表框中选择【分数】选项，在右侧【类型】列表框中选择一种分数类型，单击【确定】按钮。

02 即可在单元格中输入分数。

2.输入的"0"哪儿去了

在单元格中输入以"0"开头的数字，如"012"，或者输入带小数点的数字，当小数点后几位均为 0 时，如"21.00"，可以看到此时输入的 0 会消失。如何才能将这些 0 显示出来？

要解决这个问题，有两种方法，可以参照 8.5 节的操作，一种是输入这类数字时，在前方输入英文状态下的单引号"'"，另一种是设置单元格格式为"文本"。具体操作这里不再赘述。

第 9 课
简单又省力的序列

在 Excel 中，序列是被排成一列或一行的具有相同规则的数据，有了这个规则，就能简单、省力地快速输入多个数据。

怎样通过序列，快速输入具有相同格式的数据？

9.1 快速填充序列

极简时光

关键词： 相同数据　填充柄　向下填充命令　有序的数据　同时填充

一分钟

在输入数据时，除了常规的输入外，如果要输入的数据本身有关联性，用户可以使用填充功能，批量输入数据。

1. 快速填充相同数据

使用填充柄或向下填充命令可以在表格中输入相同的数据，相当于复制数据，具体操作步骤如下。

01 选定 A1 单元格，输入"学会 Excel"，将鼠标指针指向该单元格右下角的填充柄。

02 然后拖曳鼠标至 A8 单元格，完成数据的填充。

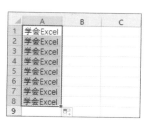

提　示

在 A1 单元格输入内容后，选择A1:A8 单元格区域，单击【开始】选项卡下【编辑】选项组中的【填充】下拉按钮，在弹出的下拉列表中选择【向下】选项，也可以完成快速填充的操作。

2. 填充有序的数据

使用填充柄还可以填充序列数据，如等差序列或等比序列。首先选取序列的第 1 个单元格并输入数据，再在序列的第 2 个单元格中输入数据，之后利用填充柄填充，前两个单元格内容的差就是步长，具体操作步骤如下。

01 分别在 A1 和 A2 单元格中输入"20170101"和"20170102"，选中 A1、A2 单元格，将鼠标指针指向该单元格右下角的填充柄。

	A	B	C
1	20170101		
2	20170102		
3			
4			
5			
6			
7			

02 待鼠标指针变为 ✚ 形状时，拖曳鼠标至 A8 单元格，即可完成等差序列的填充。

	A	B	C
1	20170101		
2	20170102		
3	20170103		
4	20170104		
5	20170105		
6	20170106		
7	20170107		
8	20170108		
9			

3. 多行或多列同时填充

填充相同数据或有序的数据均是填充一行或一列，同样可以使用填充功能快速填充多个单元格中的数据，具体操作步骤如下。

01 在 Excel 表格中输入如下图所示的数据，选中单元格区域 A2:B3，将鼠标指针指向该单元格区域右下角的填充柄。

	A	B	C	D
1	名次	奖励（元）		
2	第1名	1000		
3	第2名	700		
4				
5				
6				

02 待鼠标指针变为 ✚ 形状时，拖曳鼠标至 B5 单元格，即可完成在工作表列中多个单元格数据的填充。

	A	B	C	D
1	名次	奖励（元）		
2	第1名	1000		
3	第2名	700		
4	第3名	400		
5	第4名	100		
6				
7				

9.2 快速填充 1 ~ 4999 的序列

极简时光

关键词： 快速填充 【序列】选项 设置【步长值】 设置【终止值】

一分钟

使用填充柄填充数据时，可以填充行数或列数较少的单元格，如果要填充的单元格太多，如填充 1~4999 的数据，拖曳填充柄速度会很慢。这时就可以使用序列命令快速填充。

01 选择 A1 单元格，输入数字"1"。

	A	B	C
1	1		
2			
3			
4			
5			
6			
7			
8			
9			

02 单击【开始】选项卡下【编辑】选项组中的【填充】下拉按钮，在弹出的下拉列表中选择【序列】选项。

03 弹出【序列】对话框，在【序列产生在】选项区域选中【列】单选按钮，在【类型】选项区域选中【等差序列】单选按钮，

设置【步长值】为"1"，【终止值】为
"4999"，单击【确定】按钮。

04 即可完成快速填充 1 ~ 4999 序列的操作。

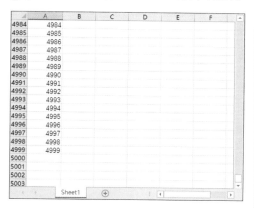

9.3 删除行后序号依然连续

关键词：连续的序号　输
入公式　填充功能　显示
所有序号　删除行

一分钟

　　对 Excel 中表格每一行进行编号后，在
编辑过程中可能需要删除某几行，这时编号
也随着删除行而变化，变得不连续，但如果
需要删除行后编号依然连续，可以通过使用

函数解决，具体操作步骤如下。

01 打开随书光盘中的"素材 \ch09\ 成绩
表 .xlsx"文件，可以看到在 A 列添加了
连续的序号。

	A	B	C	D
1	序号	姓名	成绩	
2	1	张XX	528	
3	2	王XX	581	
4	3	李XX	604	
5	4	赵XX	654	
6	5	钱XX	489	
7	6	孙XX	572	
8	7	周XX	409	
9	8	马XX	528	
10	9	封XX	532	
11	10	段XX	612	
12				
13				

02 删除第 3 行和第 6 行，可以看到序号已
不连续。

	A	B	C	D
1	序号	姓名	成绩	
2	1	张XX	528	
3	3	李XX	604	
4	4	赵XX	654	
5	6	孙XX	572	
6	7	周XX	409	
7	8	马XX	528	
8	9	封XX	532	
9	10	段XX	612	
10				
11				
12				

03 撤销上一步的操作，并删除 A2:A11 单
元格中的数据。

	A	B	C	D
1	序号	姓名	成绩	
2		张XX	528	
3		王XX	581	
4		李XX	604	
5		赵XX	654	
6		钱XX	489	
7		孙XX	572	
8		周XX	409	
9		马XX	528	
10		封XX	532	
11		段XX	612	
12				
13				

04 在 A1 单元格中输入公式"=row()-1"，
按【Enter】键，即可显示序号"1"。

	A	B	C	D	E
1	序号	姓名	成绩		
2	1	张XX	528		
3		王XX	581		
4		李XX	604		
5		赵XX	654		
6		钱XX	489		
7		孙XX	572		
8		周XX	409		
9		马XX	528		
10		封XX	532		
11		段XX	612		

（A2 单元格：=ROW()-1）

05 使用填充功能，填充至 A11 单元格，即可显示所有序号。

	A	B	C	D
1	序号	姓名	成绩	
2	1	张XX	528	
3	2	王XX	581	
4	3	李XX	604	
5	4	赵XX	654	
6	5	钱XX	489	
7	6	孙XX	572	
8	7	周XX	409	
9	8	马XX	528	
10	9	封XX	532	
11	10	段XX	612	

06 此时，删除第 3 行和第 6 行，可以看到序号依然连续。

	A	B	C	D
1	序号	姓名	成绩	
2	1	张XX	528	
3	2	李XX	604	
4	3	赵XX	654	
5	4	孙XX	572	
6	5	周XX	409	
7	6	马XX	528	
8	7	封XX	532	
9	8	段XX	612	
10				

9.4 有合并单元格的数据源如何快速填充序列

极简时光

关键词：大小相同 快速填充 大小不同 输入公式 【Ctrl+Enter】组合键

一分钟

制作 Excel 表格时，时常用到合并单元格的操作，合并单元格后，如果单元格区域的大小不同，就不能使用快速填充序列的方法在合并后的单元格区域中填充序列。下面介绍在有合并单元格的数据源中快速填充序列的操作方法。

1. 单元格区域大小相同

打开随书光盘中的"素材 \ch09\ 合并单元格的填充 .xlsx"文件，选择"Sheet1"工作表，可以看到合并后的单元格区域大小相同，可以直接使用 9.1 节的方法进行快速填充。

	A	B	C	D	E	F
1	序号	产品类别	名称	销量		
2	1	洗化用品	牙膏	425		
3			沐浴液	514		
4			洗发液	247		
5	2	小家电	电饭煲	120		
6			电磁炉	201		
7			电饼铛	105		
8	3	办公用品	签字笔	245		
9			中性笔	751		
10			订书机	45		
11	4	食品	饼干	780		
12			方便面	640		
13			罐头	450		
14						
15						
16						
17						

Sheet1　Sheet2

2. 单元格区域大小不同

如果单元格区域的大小不同，可以借助函数快速填充序列，具体操作步骤如下。

01 在打开的"合并单元格的填充 .xlsx"文件中选择"Sheet2"工作表，可以看到合并后的单元格区域的大小不同。

	A	B	C	D	E	F
1	序号	产品类别	名称	销量		
2		洗化用品	牙膏	425		
3			牙刷	540		
4			沐浴液	514		
5			洗发液	247		
6		小家电	电饭煲	120		
7			电磁炉	201		
8			电饼铛	105		
9		办公用品	签字笔	245		
10			中性笔	751		
11		食品	饼干	780		
12			方便面	640		
13			面包	380		
14			罐头	450		
15						
16						
17						

Sheet1　Sheet2

02 选择要填充序列的单元格区域，这里选择 A2:A14 单元格区域，在编辑栏中输入公式"=MAX(A$1:A1)+1"。

03 按【Ctrl+Enter】组合键，即可完成序列填充。

9.5 自定义序列

极简时光

关键词：【填充】按钮【序列】对话框 设置步长值 【自定义序列】对话框

一分钟

用户可以根据需要设置序列的步长，输入等差序列，也可以输入等比序列。此外，还可以根据需要自定义序列。

1. 自定义步长

在 Excel 中填充等差序列时，系统默认增长值为"1"，可以根据需要自定义步长创建序列，具体操作步骤如下。

01 选中工作表中所填充的等差序列所在的单元格区域。

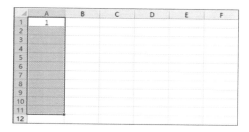

02 单击【开始】选项卡下【编辑】选项组中的【填充】按钮 填充▾ ，在弹出的下拉列表中选择【序列】选项。

03 弹出【序列】对话框，选中【类型】选项区域中的【等差数列】单选按钮，在【步长值】文本框中输入"2"，单击【确定】按钮。

04 即可填充步长值为 "2" 的等差序列。

2. 自定义序列

如果需要按照苹果、香蕉、橘子、葡萄、西瓜的顺序填充序列，就可以自定义序列，具体操作步骤如下。

01 选择【文件】→【选项】选项，打开【Excel 选项】对话框，选择【高级】选项卡，在【常规】选项区域中单击【编辑自定义列表】按钮。

02 弹出【自定义序列】对话框，在【输入序列】列表框中依次输入"苹果、香蕉、橘子、葡萄、西瓜"。

03 单击【添加】按钮，将自定义序列添加至【自定义序列】列表框内，单击【确定】按钮。返回【Excel 选项】对话框，单击【确定】按钮。

04 在 A1 单元格中输入"苹果"，将鼠标指针放置在右下角的填充柄上。

05 按住鼠标左键并拖曳至 A15 单元格，即可看到将按照自定义的序列进行填充。

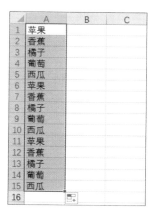

🐮 牛人干货

同时在多个工作表间填充

　　在同一个工作簿中，如果需要在不同的工作表的相同位置（如每个工作表的 A1:A15 单元格区域）输入相同的数据，可以同时对多个工作表进行数据的填充。下面介绍如何将内容填充到多个工作表中。

01 按住【Shift】键，选择需要填充数据的工作表，如同时选择"Sheet1"和"Sheet2"工作表。

02 单击【开始】选项卡下【编辑】选项组中的【填充】按钮 ⬇ 填充，在弹出的下拉列表中选择【成组工作表】选项。

03 弹出【填充成组工作表】对话框，选中【全部】单选按钮。

04 然后在 A1、A2 单元格中分别输入 "1001" "1002"，在 "Sheet1" 工作表中进行数据填充。

05 单击 "Sheet2" 工作表标签，即可看到 "Sheet2" 工作表中也完成了与 "Sheet1" 工作表相同的数据填充。

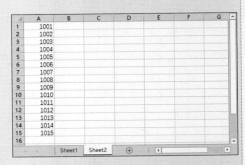

第 10 课
将现有数据整理到 Excel 中

学会利用一切可利用的资源，是走向成功的秘诀之一。万千事物之间总存在着或多或少的联系，充分发挥主观能动性，找到事物之间的联系，并通过这些联系利用周围一切可利用的资源，从而帮助我们在最短的时间内达到想要的结果。

10.1 添加 Word 中的数据

极简时光

关键词：复制表格内容【粘贴】下拉按钮 【匹配目标格式】选项

一分钟

如果需要添加的数据本身就是表格类型的，可以直接选中表格通过复制粘贴到 Excel 中来实现，具体操作步骤如下。

01 打开随书光盘中的"素材 \ch10\ 产品价格表 .docx"文档，选中表格中的数据，按【Ctrl+C】组合键复制表格中的内容。

02 启动 Excel 2016，新建一个空白工作簿，选中一个单元格，单击【开始】选项卡下【剪贴板】选项组中的【粘贴】下拉按钮，在弹出的下拉列表中选择【匹配目标格式】选项。

03 效果如下所示。

	A	B	C	D
1	产品	厂家A	厂家B	
2	棒棒糖	¥6.00	¥7.00	
3	威化饼	¥8.00	¥10.00	
4	巧克力	¥10.00	¥15.00	
5	方便面	¥13.00	¥12.00	
6	酸奶	¥18.00	¥15.00	
7	瓜子	¥6.00	¥5.00	
8	爆米花	¥6.00	¥6.00	
9	可乐	¥5.00	¥5.00	
10				
11				
12				

10.2 添加记事本中的数据

极简时光

关键词：新建空白工作簿 【自文本】按钮【文本导入向导】对话框【导入数据】对话框

一分钟

记事本中的数据也可以添加到 Excel 中，具体操作步骤如下。

01 打开随书光盘中的"素材\ch10\1.txt"文档,即可查看记事本中的内容。

提示

添加到 Excel 中的数据需要满足以下两个条件的任意一个条件:一是使用分隔符分隔数据,常用的分隔符号有 Tab 键、分号、逗号、空格(此处指一个空格),除此之外,用户还可以自定义分隔符号;二是使用固定宽度,即每列字段加空格对齐(每列数据间使用的空格数量可以不同,但每列字段必须左对齐)。

02 启动 Excel 2016,新建一个空白工作簿,选择A1单元格,单击【数据】选项卡下【获取外部数据】选项组中的【自文本】按钮 自文本 。

03 弹出【导入文本文件】对话框,选择要导入的文件,单击【导入】按钮。

04 弹出【文本导入向导】对话框,在【请选择最合适的文件类型】选项区域中选中【分隔符号】单选按钮,然后单击【下一步】按钮。

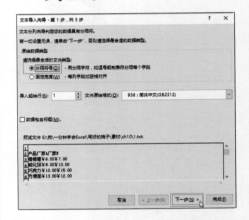

05 在【分隔符号】选项区域中选中【Tab 键】复选框,单击【下一步】按钮。

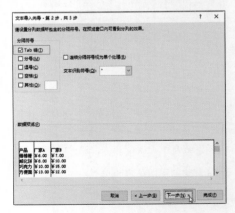

提 示

　　素材 "1.txt" 文件中的数据使用的分隔符是 Tab 键，因此此处选中【Tab 键】复选框。若用户使用多个空格来充当分隔符时，选中【空格】复选框，同时选中【连续分隔符号视为单个处理】复选框。若用户使用的分隔符不在【分隔符号】选项区域中，可以选中【其他】复选框，并在后面的文本框中输入数据中使用的分隔符即可。

06 在【列数据格式】选项区域中选中【常规】单选按钮，然后单击【完成】按钮。

07 弹出【导入数据】对话框，在【数据的放置位置】选项区域中选中【现有工作表】单选按钮，在下方的文本框中选择数据放置的位置，这里选择 A1 单元格，设置完成后单击【确定】按钮。

08 即可将记事本中的数据导入 Excel 中，效果如下所示。

	A	B	C	D	E
1					
2	产品	厂家A	厂家B		
3	棒棒糖	￥6.00	￥7.00		
4	威化饼	￥8.00	￥10.00		
5	巧克力	￥10.00	￥15.00		
6	方便面	￥13.00	￥12.00		
7	酸奶	￥18.00	￥15.00		
8	瓜子	￥6.00	￥5.00		
9	爆米花	￥6.00	￥6.00		
10	可乐	￥5.00	￥5.00		
11					
12					

10.3 添加网站数据

极简时光

关键词：【自网站】按钮　【新建 Web 查询】对话框　【导入数据】对话框　添加网站数据

一分钟

Excel 不仅可以导入记事本中的数据，也可以导入网站中的数据，具体操作步骤如下。

01 启动 Excel 2016，新建一个空白工作簿，选择 A1 单元格，单击【数据】选项卡下【获取外部数据】选项组中的【自网站】按钮 自网站。

02 弹出【新建 Web 查询】对话框，在【地址】文本框中输入网址，这里以选择 "https://www.baidu.com/" 为例。输入完成后，单击【转到】按钮。

03 显示出百度首页的界面，选择需要的数据，单击【导入】按钮。

04 弹出【导入数据】对话框，在【数据的放置位置】选项区域中选中【现有工作表】单选按钮，在下方的文本框中选择数据放置的具体位置，这里选择 A1 单元格，设置完成后单击【确定】按钮。

05 即可将网站中的数据添加到 Excel 中。

牛人干货

批量修改错误的数据

在检查数据的过程中，如果发现大量数据出现错误，并且这些错误属于运算错误，例如，都多加或多减了一定的数值，那么就可以使用批量修改的方法快速修改错误的数据，具体操作步骤如下。

01 打开随书光盘中的"素材\ch10\某产品销量表.xlsx"工作簿，表格中红色单元格中的数据是错误的销量数据，现在需要将这些错误的销量数据降低200。

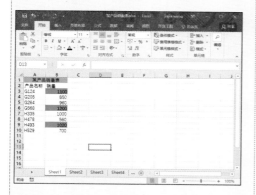

02 选择任意一个空白单元格，输入"200"，按【Ctrl+C】组合键复制单元格中的内容。

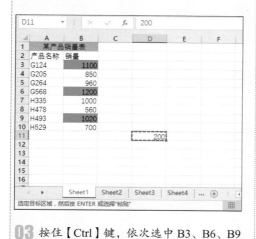

03 按住【Ctrl】键，依次选中 B3、B6、B9

单元格，单击【开始】选项卡下【剪贴板】选项组中的【粘贴】下拉按钮，在弹出的下拉列表中选择【选择性粘贴】选项。

04 弹出【选择性粘贴】对话框，在【运算】选项区域中选中【减】单选按钮，然后单击【确定】按钮。

05 返回 Excel 工作表中，即可看到 B3、B6、B9 单元格中的数据被减去了 200。

◢	A	B	C
1	某产品销量表		
2	产品名称	销量	
3	G124	900	
4	G205	850	
5	G264	960	
6	G568	1000	
7	H335	1000	
8	H478	560	
9	H493	820	
10	H529	700	
11			

第 11 课
设置单元格格式

设置单元格格式是一个基本但又高级的技能，说基本是因为会经常使用，是编辑和美化 Excel 表格的基础操作；说高级是因为它可以达到一些看起来非常神奇和实用的效果。

11.1 单元格格式知多少

关键词：单元格格式【设置单元格格式】对话框

一分钟

Excel 工作簿中提供多种单元格格式设置的功能，满足用户多样的需求。单击【开始】选项卡下【单元格】选项组中的【格式】下拉按钮，在弹出的下拉列表中选择【设置单元格格式】选项，打开【设置单元格格式】对话框，在对话框中包含【数字】【对齐】【字体】【边框】【填充】和【保护】等多个选项卡。

1.【数字】选项卡

在【数字】选项卡下可以对单元格中的数据类型进行设置。【分类】列表框中包含的数据类型有常规、数值、货币、会计专用、日期、时间、百分比、分数、科学记数、文本、特殊、自定义。

2.【对齐】选项卡

在【对齐】选项卡下可以设置文本的对齐方式、文本方向、文本控制及文字方向。

3.【字体】选项卡

在【字体】选项卡下可以设置文本的字体、字形、字号、下画线、字体颜色及添加删除线等特殊效果。

4.【边框】选项卡

在【边框】选项卡下可以给工作簿中的表格添加边框，设置边框样式、边框颜色及添加边框的位置。

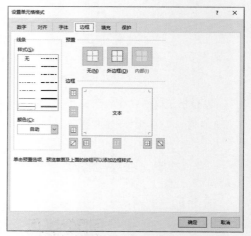

5.【填充】选项卡

在【填充】选项卡下可以设置单元格的背景色、填充效果及填充的图案样式及图案颜色等。

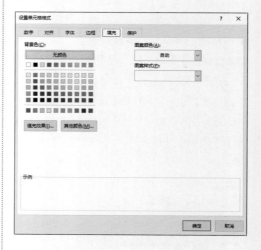

6.【保护】选项卡

在【保护】选项卡下可以对单元格进行锁定或隐藏单元格中的内容。但是只有在【审阅】选项卡下的【更改】选项组中单击【保护工作表】按钮后，锁定单元格或隐藏公式才有效。

11.2 设置字符格式

关键词：选择单元格区域　选择字体字号　选择颜色

一分钟

　　在 Excel 工作表中输入内容时，默认的是白底黑字，这样制作出来的表格未免显得单调。用户可以使用 Excel 的功能区，设置表格中的字体格式，使表格更加美观。设置表格中字体格式的具体操作步骤如下。

01 打开随书光盘中的"素材\ch11\账单明细.xlsx"工作簿，选择 A1:F2 单元格区域。

02 单击【开始】选项卡下【字体】选项组中【字体】文本框右侧的下拉按钮，在弹出的下拉列表中选择【华文新魏】选项。

03 单击【开始】选项卡下【字体】选项组中【字号】文本框右侧的下拉按钮，在弹出的下拉列表中选择【12】选项。

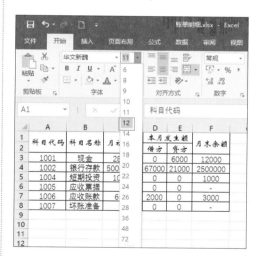

04 单击【开始】选项卡下【字体】选项组中的【颜色】下拉按钮 ▲▾，在弹出的【主题颜色】选项区域中选择【蓝色】。

05 单击任意一个单元格，即可看到设置后的字体效果。

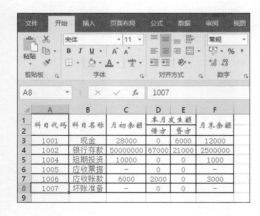

06 使用同样的方法，选择 A3:F8 单元格区域，将字体设置为【宋体】，字号设置为【11】，字体颜色设置为【红色】，最终效果如下图所示。

11.3 设置单元格对齐方式

极简时光

关键词：选择单元格区域　对齐方式　居中显示

一分钟

在 Excel 2016 中，单元格对齐方式有左对齐、右对齐、居中、减少缩进量、增加缩进量、顶端对齐、底端对齐、垂直居中、自动换行、方向、合并后居中。用户根据需求选择相应的对齐方式即可。设置单元格对齐方式的具体操作步骤如下。

01 打开随书光盘中的"素材 \ch11\ 装修预算表 .xlsx"工作簿，选择 A1:F14 单元格区域。

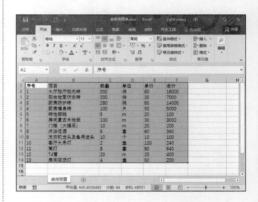

02 单击【开始】选项卡下【对齐方式】选项组中的【居中】按钮 。

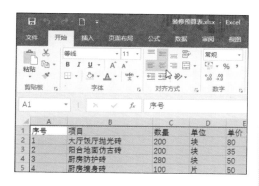

03 即可将单元格中的内容全部居中显示，
效果如下图所示。

11.4 设置自动换行

极简时光

关键词: 新建工作簿 【自动换行】按钮

一分钟

　　Excel 表格中每个单元格的行高和列宽是系统默认的，如果文字太长，单元格列宽容纳不下文字内容，多余的文字会在相邻单元格中显示，若相邻的单元格中已有数据内容，就截断显示，这种情况下，就需要设置

自动换行，具体操作步骤如下。

01 启动 Excel 2016，新建一个空白工作簿，
选择 A1 单元格，并输入如下图所示的内容。

02 单击【开始】选项卡下【对齐方式】选项组中的【自动换行】按钮。

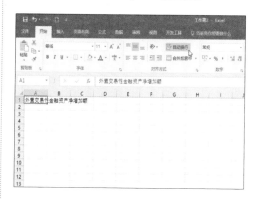

03 即可看到 A1 单元格中的文本内容已自动换行，并集中显示在 A1 单元格中。

11.5 设置数字格式

关键词：设置单元格格式
【数字】选项卡　选择日
期类型　【时间】选项

一分钟

　　Excel 2016 的单元格默认是没有格式的，若想在单元格中输入时间和日期，就需要对单元格的格式进行设置，设置数字格式的方法有两种，具体操作步骤如下。

1. 通过单击鼠标右键设置数字格式

01 打开随书光盘中的"素材\ch11\员工上下班打卡时间记录表.xlsx"工作簿，选择 C3:C14 单元格区域。

02 在选择的区域上方单击鼠标右键，在弹出的快捷菜单中选择【设置单元格格式】选项。

03 弹出【设置单元格格式】对话框，选择【数字】选项卡，在【分类】列表框中选择【日期】选项，在右侧【类型】列表框中选择一种日期类型，单击【确定】按钮。

04 返回 Excel 工作表界面，即可看到设置后的日期格式。

2. 最便捷的方法——通过功能区设置数字格式

01 在打开的"员工上下班打卡时间记录表"中，选择 D3:E14 单元格区域。

02 单击【开始】选项卡下【数字】选项组中的【自定义】文本框右侧的下拉按钮，在弹出的下拉列表中选择【时间】选项。

03 最终效果如下图所示。

🤖 **牛人干货**

【F4】键的妙用

在 Excel 中，对表格中的数据进行操作之后，按【F4】键可以重复上一次的操作，具体操作步骤如下。

01 新建工作簿，并输入一些数据，选择 A2 单元格，单击【开始】选项卡下【字体】组中的【字体颜色】按钮，在弹出的下拉列表中选择【红色】选项，将【字体颜色】设置为【红色】。

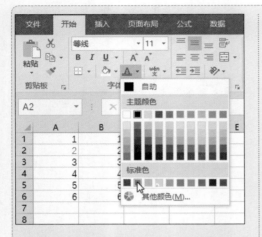

02 选择单元格 C3，按【F4】键，即可重复上一步将单元格中文本颜色设置为【红色】的操作，把 C3 单元格中字体的颜色也设置为红色。

第 12 课
工作表的美化

俗话说："人靠衣装，马靠鞍"。一件得体的衣装不仅能够展现出对他人的尊重，而且也会给对方留下好的印象。下面就来为工作表选一件得体的"衣装"，让你的领导对你刮目相看！

12.1 设置表格的边框

极简时光

关键词：选择单元格区域 【所有框线】选项 【字体设置】按钮 【边框】选项卡 边框效果

一分钟

Excel 的单元格边框系统默认是浅灰色的，而打印出来是没有边框的，为了使表格更加规范、美观，可以为表格设置边框。设置单元格边框的方法有两种。

1. 使用功能区设置边框

01 打开随书光盘中的"素材 \ch12\ 现金收支明细表 .xlsx"工作簿，选择 A1:I24 单元格区域。

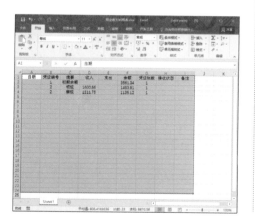

02 单击【开始】选项卡下【字体】选项组中的【边框】下拉按钮 ，在弹出的下拉列表中选择【所有框线】选项。

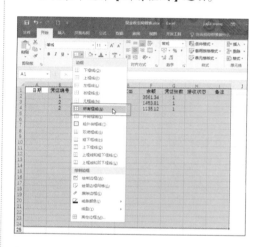

03 即可完成表格边框的添加，效果如下图所示。

2. 在【设置单元格格式】对话框中设置边框

01 打开随书光盘中的"素材 \ch12\ 现金收支明细表 .xlsx"工作簿，选择 A1:I24 单元格区域。

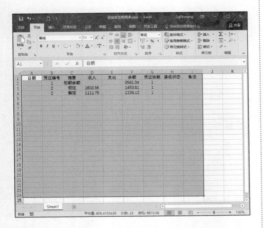

02 单击【开始】选项卡下【字体】选项组中的【字体设置】按钮 。

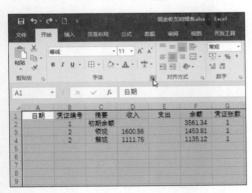

03 弹出【设置单元格格式】对话框，选择【边框】选项卡，在【线条】选项区域的【样式】列表框中选择一种边框样式，在【颜色】下拉列表框中选择一种颜色，这里

选择【蓝色】选项。

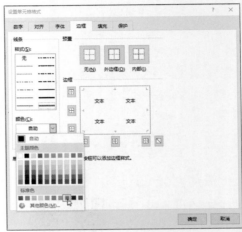

04 在【预置】选项区域选择【外边框】和【内部】选项，为表格添加外边框和内部边框，在【边框】选项区域中可以预览添加的边框效果，设置完成后单击【确定】按钮。

05 返回 Excel 工作表界面，即可看到设置后的边框效果。

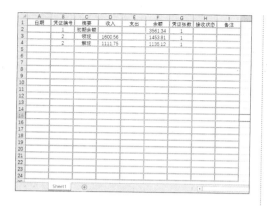

12.2 设置单元格样式

极简时光

关键词：【新建单元格样式】选项　【样式】对话框　选择边框样式

一分钟

　　单元格样式是一组已定义的格式特征，使用 Excel 2016 中的内置单元格样式可以快速改变文本样式、标题样式、背景样式和数字样式等。直接选择要使用的样式，即可美化选择的单元格。在工作表中设置自定义单元格样式的具体操作步骤如下。

01 打开随书光盘中的"素材 \ch12\ 市场工作周计划报表 .xlsx"工作簿。

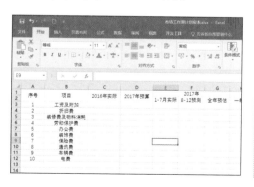

02 单击【开始】选项卡下【样式】选项组中的【单元格样式】按钮，在弹出的下拉列表中选择【新建单元格样式】选项。

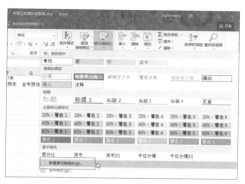

03 弹出【样式】对话框，在【样式名】文本框中输入样式的名称，这里输入"新建样式"，然后单击【格式】按钮。

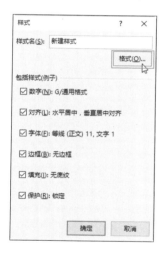

04 弹出【设置单元格格式】对话框，选择【边框】选项卡，在【样式】列表框中选择一种边框样式，在【颜色】下拉列表框中设置边框颜色为绿色，在【预置】选项区域选择【外边框】选项，在【边框】选项区域中可预览添加的边框效果，设置完成后单击【确定】按钮。

05 返回【样式】对话框，单击【确定】按钮。

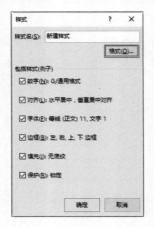

06 返回 Excel 工作表界面，选择 A1:N12 单元格区域，单击【开始】选项卡下【样式】选项组中的【单元格样式】按钮，在弹出的下拉列表中选择【新建样式】选项。

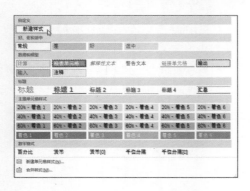

07 即可完成单元格样式的设置，效果如下图所示。

12.3　套用表格格式

极简时光

关键词：【套用表格格式】按钮　选择表格样式【套用表格式】对话框　转换为区域

一分钟

Excel 2016 内置有 60 种表格样式，满足用户多样化的需求，使用 Excel 内置的表格式样，一键套用，方便快捷，同时也使表格设计得赏心悦目。套用表格样式的具体操作步骤如下。

01 打开随书光盘中的"素材 \ch12\ 库存统计表 .xlsx"工作簿。

02 单击【开始】选项卡下【样式】选项组中的【套用表格格式】按钮，在弹出的下拉列表中选择一种表格样式，这里选择【浅色】选项区域中的【蓝色，表样式浅色9】选项。

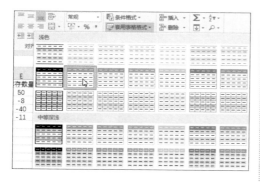

03 弹出【套用表格式】对话框，单击【表数据的来源】文本框右侧的【折叠】按钮。

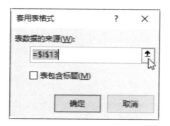

04 将对话框折叠，按住鼠标左键选择 A1:F5 单元格区域，然后在【套用表格式】对话框中单击【展开】按钮。

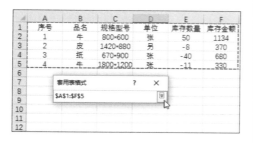

05 在【创建表】对话框中选中【表包含标题】复选框，单击【确定】按钮。

06 即可应用此表格样式，选择数据区域中的任意一个单元格，选择【表格工具 - 设计】选项卡，单击【工具】选项组中的【转换为区域】按钮。

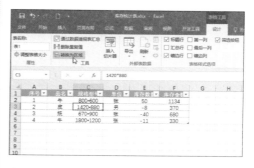

07 弹出【Microsoft Excel】信息提示框，单击【是】按钮。

08 即可结束标题栏的筛选状态，把表格转换为区域。

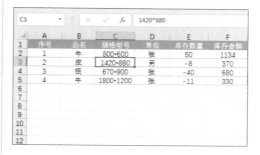

12.4 应用工作表主题

极简时光

关键词：选择主题 选择主题颜色 选择字体主题样式

一分钟

使用 Excel 2016 中内置的主题样式可以快速对表格进行美化，让表格更加美观。应用工作表主题的具体操作步骤如下。

01 打开随书光盘中的"素材 \ch12\ 公司员工信息表 .xlsx"工作簿。

02 单击【页面布局】选项卡下【主题】选项组中的【主题】按钮，在弹出的【Office】面板中选择【环保】选项。

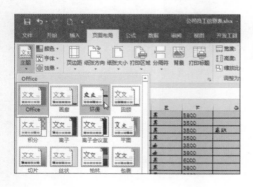

03 设置表格为【环保】主题后的效果如下图所示。

04 单击【页面布局】选项卡下【主题】选项组中的【颜色】按钮，在弹出的【Office】面板中选择【蓝色暖调】选项。

05 设置【蓝色暖调】主题颜色后的效果如下图所示。

06 单击【页面布局】选项卡下【主题】选项组中的【字体】按钮，在弹出的【Office】面板中选择一种字体主题样式。

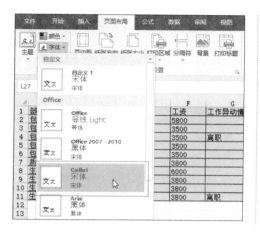

07 最终效果如下图所示。

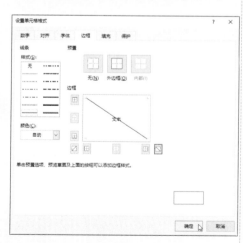

🔊 牛人干货

1. 绘制单斜线表头

　　Excel 表格的表头通常会出现分项目的情况，如果有两个分项目，就需要在单元格中添加一个斜线，具体操作步骤如下。

01 启动 Excel 2016，新建一个空白工作簿，选择 A1:A2 单元格区域，单击【开始】选项卡下【对齐方式】选项组中的【合并后居中】下拉按钮，在弹出的下拉列表中选择【合并单元格】选项。

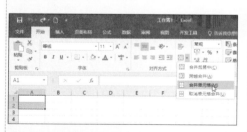

02 按【Ctrl+1】组合键，打开【设置单元格 格式】对话框，选择【边框】选项卡，在【样式】列表框中选择一种边框样式，在【边框】选项区域中选择右下角的

斜线边框，然后单击【确定】按钮。

03 返回 Excel 工作表界面，即可看到在单元格中添加的斜线。

04 双击 A1 单元格，并输入文本"项目"，然后按【Alt+Enter】组合键，另起一行输入文本"姓名"。输入完成后，将鼠标指针拖曳至"项目"文本前，按【Space】键，将"项目"文本移动到 A1 单元格的最右边。

05 按【Enter】键，即可看到设置后的效果。

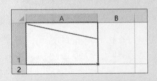

2. 绘制多斜线表头

如果表头中分有多个项目，就需要在单元格中绘制多条斜线，具体操作步骤如下。

01 启动 Excel 2016，新建一个空白工作簿，选择 A1 单元格，并适当调整行高和列宽。

03 按住鼠标左键，拖曳鼠标，在 A1 单元格中绘制一条斜线。

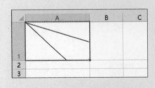

04 使用相同的方法在 A1 单元格中再绘制一条斜线，效果如下图所示。

02 单击【插入】选项卡下【插图】选项组中的【形状】按钮，在弹出的下拉列表中选择【线条】选项区域中的【线条】形状。

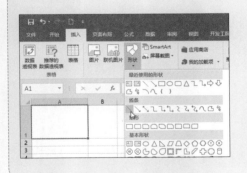

05 使用按【Alt+Enter】组合键的方法在 A1 单元格中输入表头内容，最终效果如下图所示。

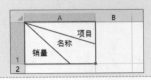

第 13 课
保障数据安全性

现在的互联网时代对数据安全性的保护提出了更大的挑战。在 Excel 中用户可以通过保护工作表、保护工作簿，以及为同一工作表的不同区域和为工作簿设置密码等方式，限制其他用户对数据的查看和编辑，从而最大限度地保护工作表中数据的安全。

13.1 保护工作表

极简时光

关键词：【保护工作表】按钮 输入密码 【文件】选项卡 【信息】选项组

一分钟

表格制作完成后，可以使用 Excel 提供的保护工作表功能，保护数据不被更改。设置保护工作表有以下两种方法。

1. 在【审阅】选项卡下设置

01 打开随书光盘中的"素材 \ch13\ 职务表 .xlsx"工作簿。

02 单击【审阅】选项卡下【更改】选项组中的【保护工作表】按钮。

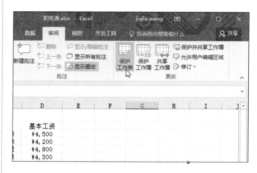

03 弹出【保护工作表】对话框，在【取消工作表保护时使用的密码】文本框中输入要设置的密码，如输入"123"，输入完成后，单击【确定】按钮。

04 弹出【确认密码】对话框，再次输入设

置的密码，单击【确定】按钮。

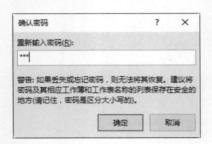

05 即可完成保护工作表的设置，若想编辑此工作表，则会弹出【Microsoft Excel】信息提示框。

2. 在【文件】选项卡下设置

01 打开随书光盘中的"素材 \ch13\ 职务表 .xlsx"工作簿。

02 选择【文件】选项卡，在打开的窗口左侧选择列表中的【信息】选项，右侧单击【信息】选项组中的【保护工作簿】按钮，在弹出的下拉列表中选择【保护当前工作表】选项。

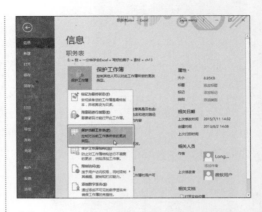

03 打开【保护工作表】对话框，在【取消工作表保护时使用的密码】文本框中输入要设置的密码，如输入"123"，输入完成后，单击【确定】按钮。

04 弹出【确认密码】对话框，再次输入设置的密码，单击【确定】按钮。

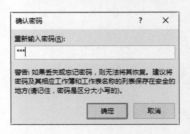

05 即可完成保护工作表的设置，若想编辑此工作表，则会弹出【Microsoft Excel】

信息提示框。

在 Excel 2010 中只能使用方法 1，方法 2 中的功能在 Excel 2010 中是没有的。

13.2 保护工作簿

极简时光

关键词：【保护工作簿】按钮　不设置密码　【文件】选项卡　【保护工作簿结构】选项

一分钟

保护工作表只能对当前工作表起到保护作用，若想所有工作表不被修改，还需设置对工作簿的保护。设置保护工作簿有以下两种方法。

1. 在【审阅】选项卡下设置

01 打开随书光盘中的"素材 \ch13\ 职务表 .xlsx"工作簿。

02 单击【审阅】选项卡下【更改】选项组中的【保护工作簿】按钮。

03 弹出【保护结构和窗口】对话框，在【密码】文本框中可选择设置密码，这里选择不设置密码，在【保护工作簿】选项区域中，选中【结构】复选框，单击【确定】按钮。

04 即可完成对工作簿的保护设置。保护工作簿后，不能再对工作表进行插入、删除、重命名、移动或复制、隐藏等操作。

2. 在【开始】选项卡下设置

01 打开随书光盘中的"素材 \ch13\ 职务表.xlsx"工作簿。

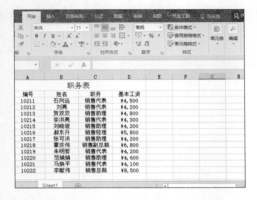

02 选择【文件】选项卡，在打开的窗口左侧选择列表中的【信息】选项，右侧单击【信息】选项组中的【保护工作簿】按钮，在弹出的下拉列表中选择【保护工作簿结构】选项。

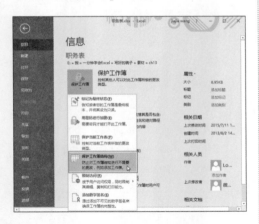

03 弹出【保护结构和窗口】对话框，在【保护工作簿】选项区域中，选中【结构】复选框，单击【确定】按钮。

04 即可完成对工作簿的保护设置，可以看到，保护工作簿后无法重命名或修改工作簿中的内容。

提 示

在 Excel 2010 中只能使用方法 1，方法 2 中的功能在 Excel 2010 中是没有的。

13.3 为同一个工作表的不同区域设置密码

极简时光

关键词：【允许用户编辑区域】按钮　【新区域】对话框　选择单元格区域　设置密码

一分钟

为同一个工作表的不同区域设置不同的密码，使不同的对象只可以编辑与自己相关的数据部分，防止表格中的数据被弄乱。具体操作步骤如下。

01 打开随书光盘中的"素材 \ch13\ 销售业绩表 .xlsx"工作簿，单击【审阅】选项卡下【更改】选项组中的【允许用户编辑区域】按钮 允许用户编辑区域 。

02 弹出【允许用户编辑区域】对话框，单击右侧的【新建】按钮。

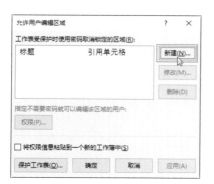

03 弹出【新区域】对话框，在【标题】文本框中输入"销售 1 部"，单击【引用单元

格】文本框右侧的【折叠】按钮。

04 将对话框折叠，选择 D3:D8 单元格区域，单击【展开】按钮。

05 展开【新区域】对话框，在【区域密码】文本框中输入要设置的密码，如输入"123"，单击【确定】按钮。

06 弹出【确认密码】对话框，输入设置的密码，单击【确定】按钮。

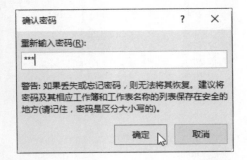

07 返回【允许用户编辑区域】对话框，即可看到在【工作表受保护时使用密码取消锁定的区域】列表框中新建的"销售1部"，使用同样的方法，新建"销售2部"和"销售3部"的数据保护区域。

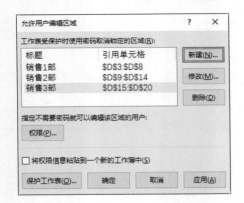

08 在【允许用户编辑区域】对话框中，单击【保护工作表】按钮。

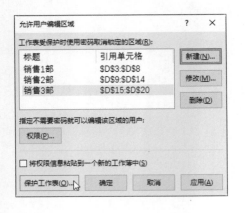

09 弹出【保护工作表】对话框，在【取消工作表保护时使用的密码】文本框中输入要设置的密码，如输入"147"，单击【确定】按钮。

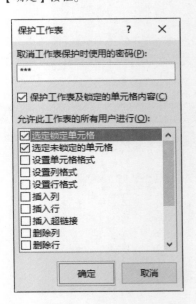

10 弹出【确认密码】对话框，输入设置的密码，单击【确定】按钮。

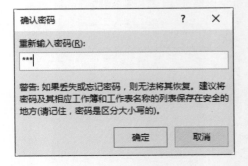

11 即可完成对不同区域设置密码的操作，如果想修改"销售额"所在列中的数据，则会弹出【取消锁定区域】对话框，并要求输入密码后才能进行修改。

13.4 打开文件需要密码

极简时光

关键词:【文件】选项卡 设置密码 【另存为】选项 【常规选项】选项【确认密码】对话框

一分钟

若工作簿的内容不想让其他人看到,可以对工作簿设置密码,这样,其他人在使用工作簿之前,需要先输入密码,才能将其打开。设置工作簿密码的方法有以下两种。

1. 单击【保护工作簿】按钮

01 打开随书光盘中的"素材\ch13\职务表.xlsx"工作簿。

02 选择【文件】选项卡,在打开的窗口左侧选择列表中的【信息】选项,右侧单击【信息】选项组中的【保护工作簿】按钮,在弹出的下拉列表中选择【用密码进行加密】选项。

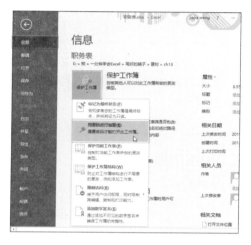

03 弹出【加密文档】对话框,在【密码】文本框中输入要设置的密码,如输入"123456",设置完成后单击【确定】按钮。

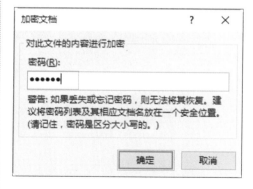

04 弹出【确认密码】对话框,输入设置的密码,单击【确定】按钮。

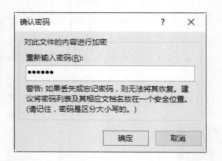

05 再次打开"职务表"工作簿时，则会弹出【密码】对话框，输入密码之后才能将其打开。

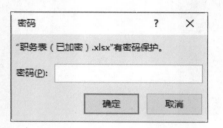

2. 在【另存为】对话框中进行设置

01 打开随书光盘中的"素材\ch13\职务表.xlsx"工作簿。

02 选择【文件】选项卡，在打开的窗口左

侧选择列表中的【另存为】选项，右侧单击【另存为】选项组中的【浏览】按钮。

03 弹出【另存为】对话框，选择文件要保存的位置，在【文件名】文本框中输入文件的名称，单击【工具】按钮右侧的下拉按钮，在弹出的下拉列表中选择【常规选项】选项。

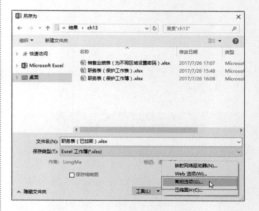

04 弹出【常规选项】对话框，在【打开权限密码】文本框中输入要设置的密码，如输入"123"，设置完成后单击【确定】按钮。

05 弹出【确认密码】对话框，输入设置的
密码，单击【确定】按钮。

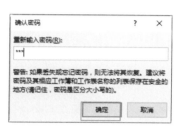

06 返回【另存为】对话框，单击【保存】按钮，
即可完成工作簿密码的设置。

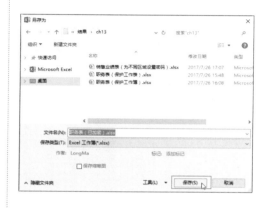

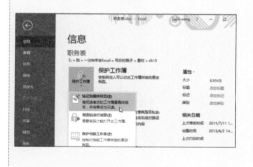

牛人干货

设置打开工作簿为只读方式

如果设置打开工作簿为只读方式，那么对工作簿中数据的编辑和修改会受到限制，从
而可以保护工作表中的数据不被修改。设置打开工作簿为只读方式的具体操作步骤如下。

01 打开随书光盘中的"素材\ch13\职务
表.xlsx"工作簿。选择【文件】选项卡，
在打开的窗口左侧选择列表中的【信息】
选项，右侧单击【信息】选项组中的【保
护工作簿】按钮，在弹出的下拉列
表中选择【标记为最终状态】选项。

02 弹出【Microsoft Excel】信息提示框，
单击【确定】按钮。

03 弹出【Microsoft Excel】信息提示框，
单击【确定】按钮。

04 即可在窗口的标题栏中看到"只读"字样，且功能区被隐藏。

第 14 课

图表让数据变成图

图表能够更加形象、直观地反映数据的变化规律和发展趋势，帮助分析和比较工作中的大量数据。

图离不开表，表可以用图展示。

选择合适图表的方法是什么？

怎样创建并装扮图表？

14.1 正确选择图表的类型

极简时光

关键词：图表类型 柱形图 折线图 饼图 条形图 股价图 曲面图 旭日图 直方图

一分钟

Excel 2016 中提供了 15 种大类的标准图表，包括了工作中需要用到的各种图表类型。如何才能选择正确的图表类型呢？

1. 柱形图——以垂直条跨若干类别比较值

柱形图由一系列垂直条组成，通常用来比较一段时间中两个或多个项目的相对尺寸，如不同产品季度或年销售量对比、在几个项目中不同部门的经费分配情况、每年各类资料的数目等。

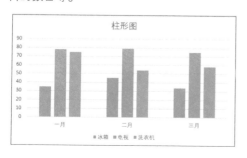

2. 折线图——按时间或类别显示趋势

折线图用来显示一段时间内的趋势。例如，数据在一段时间内是呈增长趋势的，在另一段时间内则处于下降趋势，可以通过折线图，对将来趋势做出预测。

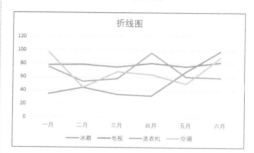

3. 饼图——显示比例

饼图用于对比几个数据在其形成的总和中所占百分比值。整个饼图代表总和，每一个数用一个楔形或薄片代表。

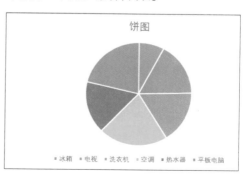

4. 条形图——以水平条跨若干类别比较值

条形图由一系列水平条组成。使对于时间轴上的某一点，两个或多个项目的相对尺寸具有可比性。条形图中的每一条在工作表上是一个单独的数据点或数。

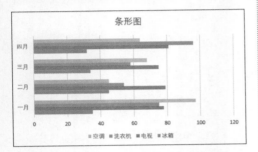

5. 面积图——显示变动幅度

面积图显示一段时间内变动的幅值。当有几个部分的数据都在变动时，可以选择显示需要的部分，既能看到单独各部分的变动，也能看到总体的变化。

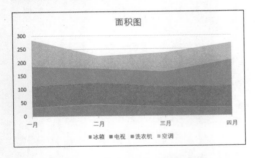

6. XY 散点图——显示值集之间的关系

XY 散点图展示成对的数和它们所代表的趋势之间的关系。散点图的重要作用是可以用来绘制函数曲线的，从简单的三角函数、指数函数、对数函数到更复杂的混合型函数，都可以利用它快速准确地绘制出曲线，所以在教学、科学计算中会经常用到。

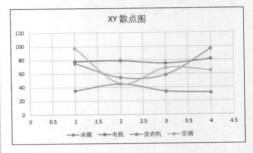

7. 股价图——显示股票变化趋势

股价图是具有 3 个数据序列的折线图，被用来显示一段给定时间内一种股票的最高价、最低价和收盘价。股价图多用于金融、商贸等行业，用来描述商品价格、货币兑换率，以及温度、压力测量等。

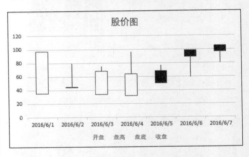

8. 曲面图——在曲面上显示两个或更多数据

曲面图显示的是连接一组数据点的三维曲面。曲面图主要用于寻找两组数据的最优组合。

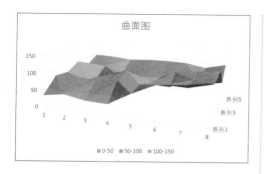

9. 雷达图——显示相对于中心点的值

雷达图显示数据如何按中心点或其他数据变动。每个类别的坐标值都是从中心点辐射的。

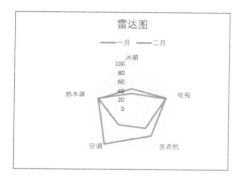

10. 树状图——以矩形显示比例

树状图主要用于比较层次结构中不同级别的值，可以使用矩形显示层次结构级别中的比例。

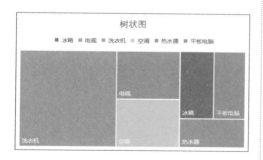

11. 旭日图——以环形显示比例

旭日图主要用于比较层次结构中不同级

别的值，可以使用矩形显示层次结构级别中的比例。

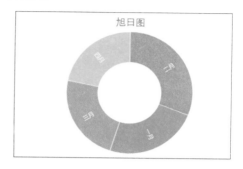

12. 直方图——显示数据分布情况

直方图由一系列高度不等的纵向条纹或线段表示数据分布的情况。一般用横轴表示数据类型，纵轴表示分布情况。

13. 箱形图——显示一组数据的变体

箱形图主要用于显示一组数据中的变体。

14. 瀑布图——显示值的演变

瀑布图用于显示一系列正值和负值的累积影响。

15. 组合图——突出显示不同类型的信息

组合图将多个图表类型集中显示在一个图表中，集合各类图表的优点，更直观形象地显示数据。

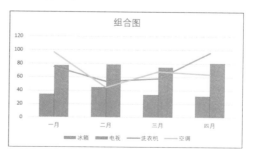

14.2 如何快速创建图表

创建图表时，不仅可以使用系统推荐的图表创建图表，还可以根据实际需要选择并创建合适的图表，下面就介绍在产品销售统计分析表中创建图表的方法。

1. 使用系统推荐的图表

Excel 2016 会根据数据为用户推荐图表，并显示图表的预览，用户只需要选择一种图表类型就可以完成图表的创建。

01 打开随书光盘中的"素材 \ch14\ 产品销售 统计分析图表 .xlsx"文件，选择数据区域内的任意一个单元格，单击【插入】选项卡下【图表】选项组中的【推荐的图表】按钮。

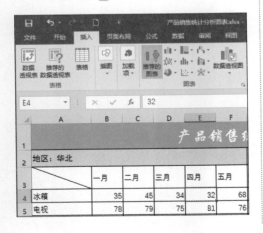

提 示

如果要为部分数据创建图表，仅选择要创建图表的部分数据。

02 打开【插入图表】对话框，选择【推荐的图标】选项卡，在左侧的列表中就可以看到系统推荐的图表类型。选择需要的图表类型（这里选择"簇状柱形图"图表），单击【确定】按钮。

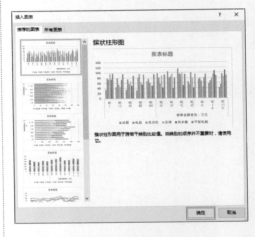

03 即可完成使用推荐的图表创建图表的操作，效果如下图所示。

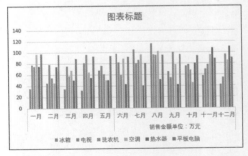

2. 使用功能区创建图表

在 Excel 2016 的功能区中将图表类型集中显示在【插入】选项卡下的【图表】选项组中，方便用户快速创建图表，具体操作步骤如下。

01 选择数据区域内的任意一个单元格，选择【插入】选项卡，在【图表】选项组中即可看到多个创建图表按钮。

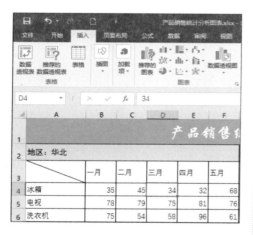

02 单击【图表】选项组中【插入柱形图或条形图】按钮后的下拉按钮，在弹出的下拉列表框中选择【二维柱形图】组中的【簇状柱形图】选项。

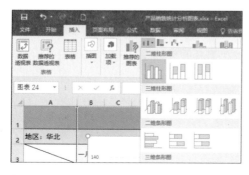

03 即可在该工作表中插入一个柱形图表，效果如下图所示。

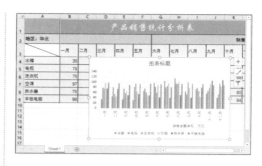

3. 使用图表向导创建图表

使用图表向导也可以创建图表，具体操作步骤如下。

01 在打开的素材文件中，选择数据区域中的任意一个单元格。单击【插入】选项卡下【图表】选项组中的【查看其他图表】按钮，弹出【插入图表】对话框，选择【所有图表】选项卡，在左侧的列表中选择【折线图】选项，在右侧选择一种折线图类型，单击【确定】按钮。

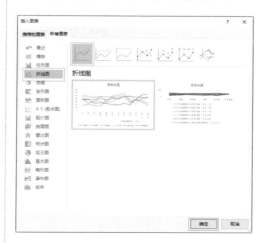

02 即可在 Excel 工作表中创建折线图图表，效果如下图所示。

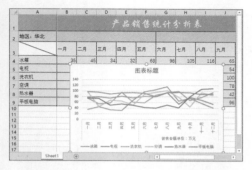

14.3 Excel 常用的 3 种图表

极简时光

关键词：常用图表　饼图　柱形图　折线图

一分钟

Excel 2016 中包含了 15 种图表类型，经常会用到哪些图表呢？当然是饼图、柱形图、折线图了！只要熟悉了这 3 种常用图表的创建，其他图表就很容易制作了。

1. 饼图

饼图主要用来显示组成数据系列的各分类项在总和中所占的比例，通常只显示一个数据系列，其中饼图、复合饼图最为常用。

例如，某市各城区常住人口情况如下图所示，市区含金水区、中原区、二七区、管城区、惠济区 5 个中心城区，其他为周边地区。如果要展示各城区常住人口所占比例情况饼图是最适合不过的了。观察统计表中的数据会发现一共有 12 个区，并且每个区人口比例都不太大，如果把 12 个区作为 12 类数据项全部放在饼图中，效果非常不好，重点不突出，饼图中分割得既多又乱。

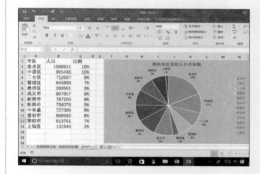

一般一个饼图上分割在 5 块左右比较合适，大块放上面或按顺时针方向排列，看起来最舒服。为了突出中心城区的常住人口，也为了减少图中的数据块，可以先把数据处理一下，把非中心城区一律作为"周边"城区显示为一个数据块。现在图中的分割比刚才少了很多，并且突出了中心城区的人口信息。

在分类较多的情况下，使用单独的饼图虽然突出了一个分类信息，但却忽略了其他分类信息，对比效果也不明显，如果改为复合饼图则能很好地解决这一问题。还是上面的例子，如果需要在饼图中把"周边"城区的人口比例情况也展示出来，可以使用复合饼图。

2. 柱形图

柱形图主要用来进行不同分类项之间的对比，其中簇状和堆积两种图形最常用。

簇状柱形图是 Excel 默认的图表，通过柱形高低可以对成绩的优劣一目了然！

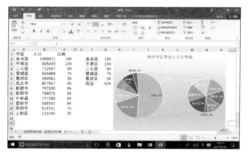

在设计复合饼图时最关键的是要分析哪个分类信息是要着重表现的，把它放在大的饼图中；哪个分类信息是次要表现的，把它放在小的饼图中！创建图前首先要把数据整理一下，也就是汇总次要分类信息，把它作为一个类放在大的饼图中展示！因为它在大的饼图中是要占份额的。

对于复合饼图还可以把它设计为更酷的双层饼图。就是在大的饼图"周边"扇形区域中再展示出它包含的全部次要城区人口所占的比例。

堆积柱形图则更能反映出不同分类项在一个时间段内数据累加和的比较。

还可以添加人均销售额的"平均线"，这样，全年销售额达到了平均水平的销售员就能尽收眼底。

3. 折线图

折线图主要是用一系列以折线相连并且间隔相同的点来显示数据变化趋势的，其中折线和数据点折线两种类型最为常用。

把上例中的销售业绩制作成折线图，通过折线变化可以明显看出张华的业绩在退步，秦永每个季度的业绩都差不多。

你是不是觉得上面这个折线图太普通了？那么下面这个折线图你又能看出什么呢？这是一个组合图，既有柱形又有折线，在这张图上可以清晰地看到每个季度哪个销售员的销售业绩最好，并且可以看到每个季度公司总的平均销售额的变化情况——总体来说一季度较好，公司全年的销售情况还是比较平稳的。

14.4 装扮图表

极简时光

关键词：装扮图表 突出数据块 修改 Y 坐标轴刻度 透明效果 装扮技巧

一分钟

真正的高手，不是会制作高难度的图表，而是知道自己想通过图表表现什么，让人一眼看到什么。一句话，你想要什么！并且高手能把最平常的图表绘制出商务范儿！

Excel基础图表绘制的关键不在于技术，而在于美观！因为几乎会使用 Excel 的人都会创建基础图表，但是怎样使绘制基础图表让人看出其中的不简单呢？这才是最关键、最重要的。

1. 装扮图表

选中图表，出现【设计】和【格式】两个选项卡，在图表的右上角外侧也同时出现3 个按钮。选择【格式】选项卡，单击【功能区】左上角的下拉按钮，在弹出的下拉列表中选择【图表区】选项，然后再选择要处理的图表对象，可以设置其形状、字体、字号、位置、前景、背景等内容。

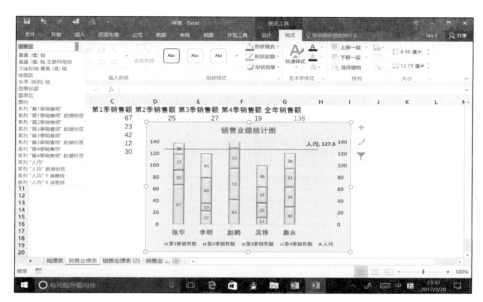

选择【设计】选项卡，可以在【功能区】单击不同按钮，进行添加图表元素、快速布局图表元素、改变元素颜色、利用系统设计好的样式定义图表、在图表中添加数据系列、更改图表类型等设置。

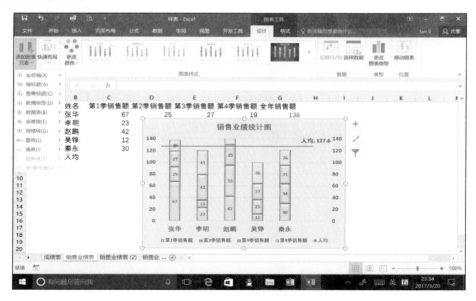

2. 突出图表中最重要的数据块

制作图表时，对于一些重要的数据，可以将其设置成醒目或不同的颜色，也可以用特殊的格式显示该数据代表的数据块。

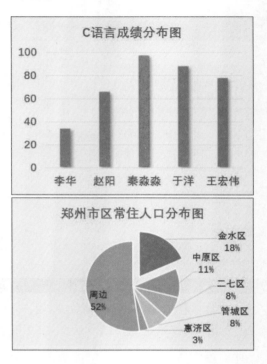

3. 修改 Y 坐标轴刻度

Y 坐标轴的刻度是可以重新设置最大值和最小值的，这样就可以调整数据块的高度了。这个方法非常有用，改变 Y 轴最大值后可以使数据块或线条在整个图表中的分布非常均匀，恰到好处。在 Y 轴上右击，在弹出的快捷菜单中选择【设置坐标轴格式】命令，在【设置坐标轴格式】窗格中设置最大值即可。

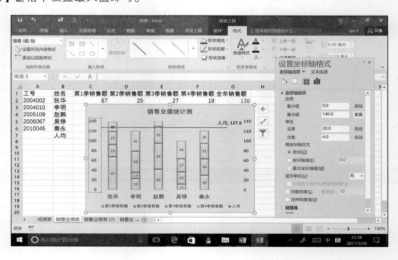

4. 层叠，制造透明效果

例如，对销售业绩加一个"计划"列，可以用柱形图块的层叠表现出全年完成计划的情况。

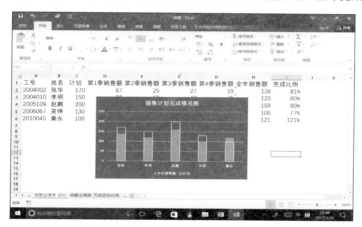

5. 其他装扮技巧

除以上介绍的几种装扮图表技巧外，还有很多方法可以使绘制的图表与众不同，以下这些方面是在绘制图表时需要注意的。

（1）绘图区域长宽比例要适当，不要使图表看上去细高或扁长。

（2）采用恰当的坐标轴，不要使数据序列最大值和最小值差太多，导致有的数据太大图形几乎不能全部展示，有些数据太小贴着 X 轴，不但不好看而且会导致信息不能清晰地被展示出来。

（3）柱形图中如果数据序列值太大，可以采用条形图。

（4）折线图中，如果线条太多，点太多，可以不显示折点上的数据，下面可以带上数据表。

（5）整个图表的色彩搭配不要太乱。

🔘 牛人干货

制作双坐标轴图表

在 Excel 中制作双坐标轴的图表，有利于更好地理解数据之间的关联关系，如分析价格和销量之间的关系。制作双坐标轴图表的步骤如下。

01 打开随书光盘中的"素材 \ch14\ 某品牌手机销售额 .xlsx"工作簿，选中 A2:C10 单元格区域。

手机销售额		
月份	数量/台	销售额/元
1月份	40	79960
2月份	45	89955
3月份	42	83958
4月份	30	59970
5月份	28	55972
6月份	30	54000
7月份	45	67500
8月份	50	70000

02 单击【插入】选项卡下【图表】选项组中的【插入折线图或面积图】按钮，在弹出的下拉列表中选择【折线图】类型。

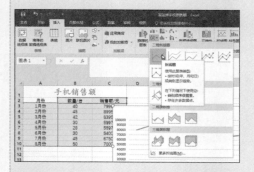

03 即可插入折线图，效果如下图所示。

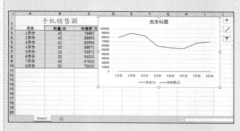

04 选中【数量】图例项并右击，在弹出的快捷菜单中选择【设置数据系列格式】选项。

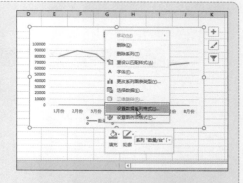

05 弹出【设置数据系列格式】对话框，选中【次坐标轴】单选按钮，单击【关闭】按钮。

06 即可得到一个有双坐标轴的折线图表，可清楚地看到数量和销售额之间的对应关系。

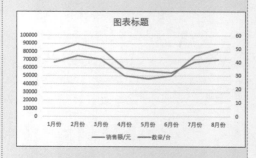

第 15 课

图表的应用实战

图表不仅需要直观，还需要美观，别具一格的图表可以让制作的报表锦上添花。

15.1 复合饼图的设计

极简时光

关 键 词：【复合饼图】
选项　设置图表区域格式
图表标题　设置数据标签
格式　【形状样式】选项组

一分钟

制作"某市人口"的复合饼图，在大的饼图中展示主要城区常住人口比例，在小的饼图中展示周边城区常住人口比例。具体操作步骤如下。

01 打开随书光盘中的"素材文件 \ch15\ 复合饼图设计 .xlsx"文件。同时选中"市区"和"比例"两列数据，单击【插入】选项卡中【图表】选项组中的【插入饼图或圆环图】按钮，在下拉列表中选择【二维饼图】中的【复合饼图】选项。在工作表中插入复合饼图。

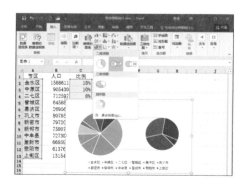

02 在饼图上右击，在弹出的快捷菜单中选择【设置图表区域格式】选项。

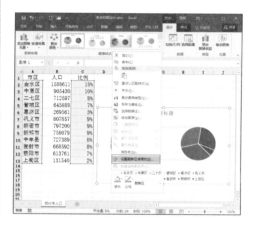

03 弹出【设置图表区格式】对话框，单击【图表选项】下拉按钮，在下拉列表中选择【系列 1】选项。

04 弹出【设置数据系列格式】对话框，单击

【系列选项】按钮，设置【第二绘图区中的值】为【7】，即后7个市区为"周边城区"，其人口比例要放在小的饼图中，而前5个区为主城区，其人口比例要放在大的饼图中，单击【关闭】按钮关闭对话框。

05 双击"图表标题"进入编辑状态，将其更改为"某市区常住人口分布图"。如果要删掉图例，选择图例后，按【Delete】键即可。

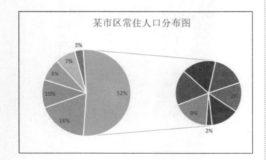

06 选中图表，单击右侧最上面的【图表元素】按钮，在下拉列表中单击【数据标签】

右边的小按钮，在弹出的级联列表中选择【更多选项】选项。

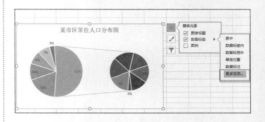

07 打开【设置数据标签格式】窗格，选中【标签包括】组下的【类别名称】【百分比】和【显示引导线】复选框，并选中【标签位置】组下的【最佳匹配】单选按钮，然后单击【关闭】按钮关闭窗格。

08 选中图表标题和所有数据标签，根据需要设置字体大小及颜色，并且为图表加上背景。

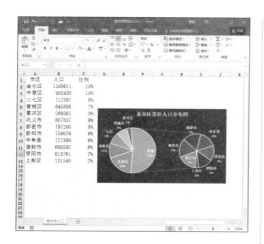

09 选择两个饼图的连接线，在【格式】选项卡下【形状样式】选项组中更改线条的样式和颜色，完成复合饼图的设计，最终效果如下图所示。

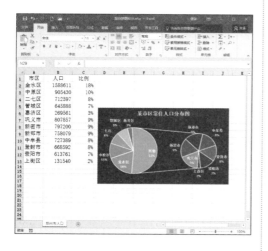

15.2　层叠柱形图的设计

对于"销售业绩表"来说，如果既有年初的销售"计划"，又有年底的"全年销售额"，可以生成层叠柱形图，制造透明效果，展示出年底销售计划完成情况。具体操作步骤如下。

01 打开随书光盘中的"素材文件 \ch15\ 层叠柱形图的设计 .xlsx"文件。同时选中"姓名""计划"和"全年销售额"3 列数据，选择【插入】选项卡中【图表】选项组中的【插入柱形图或条形图】按钮，在下拉列表中选择【簇状柱形图】选项。

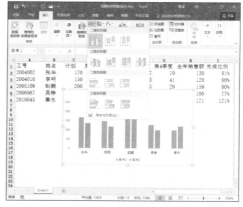

02 双击蓝色"计划"柱形，弹出【设置数据系列格式】对话框，在【系列选项】组中设置【系列重叠】值为【100%】。

03 则"计划"和"全年销售额"两个柱形即可重合。

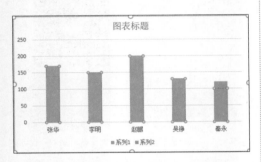

04 在【系列绘制在】组中选中【次坐标轴】单选按钮。

05 这时，在图表区的右侧出现"次 Y 轴"，并且它的值域与左边的"主 Y 轴"不同。

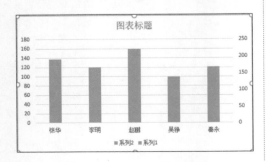

06 可以设置"次 Y 轴"的值域也是"0~180"，也可以将其删除，只用"主 Y 轴"说明销售金额。选中"次 Y 轴"，按【Delete】键即可删除。

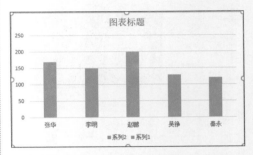

07 设置"图表区"为紫色，修改图表标题为"销售计划完成情况图"，设置标题、Y 轴数值、X 轴姓名、图例都为"加粗""白色"字体。

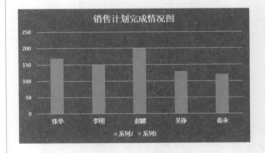

08 在"计划"柱形上右击，在弹出的快捷菜单中选择【设置数据系列格式】命令，弹出【设置数据系列格式】窗格，选择【填充与线条】选项卡，在【填充】选项区域选中【无填充】单选按钮，在【边框】选项区域选中【实线】单选按钮设置颜色为【红色】、【宽度】为【1.5 磅】。

09 关闭【设置数据系列格式】窗格，即可展示出一个"计划"和"全年销售额"相层叠的柱形图，图中每人销售计划的完成情况一目了然。

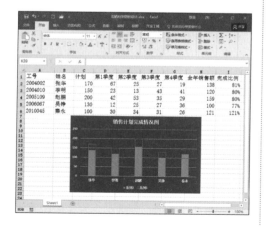

15.3 动态柱形图的设计

极简时光

关键词：【插入】按钮 列表框 设置控件格式 定义名称 插入柱形图【选择数据源】对话框

一分钟

如果想每次展示一个季度的所有员工销售业绩，并且是在一个图中可以随机选择哪个季度，动态图表就可以一展它的魅力了。具体操作步骤如下。

01 打开随书光盘中的"素材文件 \ch15\ 动态柱形图的设计 .xlsx"文件。添加"控件"列表框，可以让用户在列表框中选择要展示的季度。单击【开发工具】选项卡下【插入】按钮，在下拉列表中选择【列表框（窗体控件）】选项。

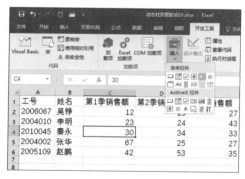

02 在工作表中拖曳鼠标画出一个列表框。

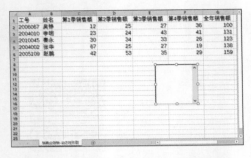

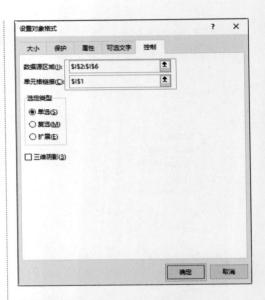

03 在 I 列设计一个列表框中显示季度选项值的辅助列，输入"第1季、第2季、第3季、第4季、全年"。

04 在绘制的列表框上右击，在弹出的快捷菜单中选择【设置控件格式】选项。

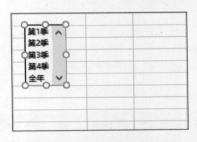

05 弹出【设置对象格式】对话框，选择【控制】选项卡，将【数据源区域】设置为【$I$2:$I$6】，将【单元格链接】设置为【$I$1】，单击【确定】按钮。

06 列表框中就显示了相应的选项，选择列表框控件后可以对其外形大小进行编辑。

07 定义引用数据区域的名称。单击【公式】选项卡下【定义的名称】选项组中的【定义名称】下拉按钮，在弹出的下拉列表中选择【定义名称】选项。

08 弹出【新建名称】对话框，设置【名称】为【季度】，【引用位置】中输入公式"=INDEX ('销售业绩表 - 动态柱形

图 '!\$C\$2:\$G\$6,,' 销售业绩表 - 动态柱形
图 '!\$I\$1)"，单击【确定】按钮。

如果在列表框中选中了"第 2 季"，
因为"第 2 季"是列表框中 5 个数据的
第 2 个数据项，所以用 INDEX 定位到
C2:G6 区域中的第 2 列"D2:D6"上，即
第 2 季度数据列，图表中就只显示该季
度的柱形图了。

09 选中 B1:C6 区域，插入柱形图。更改图
表标题为"季度销售额"，把列表框移
动到图表区的右上角，根据需要美化图
表区的背景颜色。

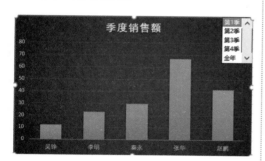

10 双击 Y 轴，在【设置坐标轴格式】窗格中，
设置【边界】最大值为【160】，因为显
示全年销售额时数值比较大。

11 选中图表，单击【设计】选项卡下【数据】
选项组中的【选择数据】按钮，弹出【选
择数据源】对话框，在对话框中选中【第
1 季销售额】复选框，单击【编辑】按钮。

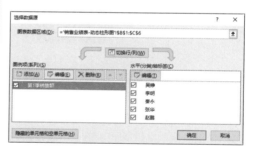

12 弹出【编辑数据系列】对话框，设置【系
列名称】为【=" 季度 "】，【系列值】为【='
动态柱形图的设计 .xlsx'! 季度】（刚才
定义的名称），单击【确定】按钮。

13 至此，按季度可以动态显示销售额的图表就制作完成了。

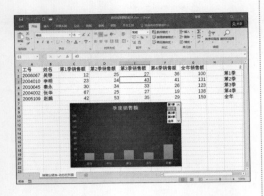

15.4 排列柱形图的设计

关键词： 三维堆积柱形图 【切换行/列】按钮 无填充颜色 设置图表样式

一分钟

各科成绩如果采用柱形图高低比较大小，除了可以让柱形统一落在 X 轴上外，也可以每隔一定的高度单独显示一科成绩的柱形进行比较。这种方法需要设计每科成绩的辅助列，让"原成绩 + 辅助列 =100 分"，即让每门课程柱形所占高度统一为 100，原理是设计成堆积图，然后把图中表示辅助列的数据块隐藏掉，剩余显示出来的数据块即为 3 门课程的原始成绩。具体操作步骤如下。

01 打开随书光盘中的"素材文件 \ch15\ 排列柱形图的设计 .xlsx"文件。添加"C语言""高数"课程的辅助列，"英语"不需要添加辅助列。

02 选中 B1:G6 区域，单击【插入】选项卡下【图表】选项组中的【插入柱形图或条形图】按钮，在弹出的下拉列表中选择【三维堆积柱形图】选项，创建三维堆积柱形图。

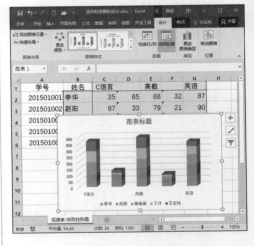

03 但这并不是最终的图，还需要在 Y 轴上展示每个学生在同一门课程上的成绩比较，即 X 轴上显示学生，Y 轴上显示每门课成绩，所以要把现在图表中的行、列进行转置。选中图表，单击【设计】选项卡下【数据】选项组中的【切换行/

列】按钮。

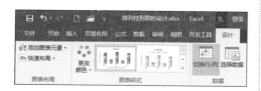

04 切换行、列后的效果如下图所示。

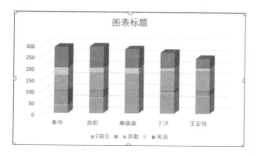

05 分别选中两个辅助列柱形块——图中为黄色和橘色的矩形块，单击【格式】选项卡下【形状样式】选项组中的【形状填充】下拉按钮，在下拉列表中选择【无填充颜色】选项。剩余部分即为 3 门课程成绩柱形，并且它们位于同一水平网格线上，这样就可以对它们进行对比了。

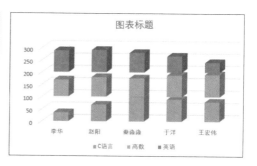

06 修改图表标题为"成绩分析图"并添加数据标签，同时删掉辅助列的数据标签，设置图表样式，完成排列柱形图的设计。

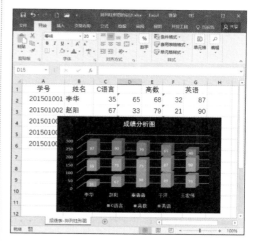

🤓 **牛人干货**

创建迷你图

迷你图是一种小型图表，可放在工作表内的单个单元格中。由于其尺寸已经过压缩，因此，迷你图能够以简明且非常直观的方式显示大量数据集所反映出的图案。使用迷你图可以显示一系列数值的趋势，如季节性增长或降低、经济周期或突出显示最大值和最小值。将迷你图放在它所表示的数据附近时会产生最大的效果。若要创建迷你图，必须先选择要分析的数据区域，然后选择要放置迷你图的位置。创建迷你图的具体操作步骤如下。

01 打开随书光盘中的"素材文件 \ch15\ 销售业绩表 .xlsx"文件，选择 F3 单元格，单击【插入】选项卡下【迷你图】选项组中的【折线图】按钮。

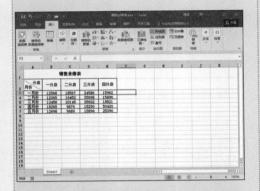

02 弹出【创建迷你图】对话框，单击【选择所需的数据】选项区域下【数据范围】右侧的【折叠】按钮。

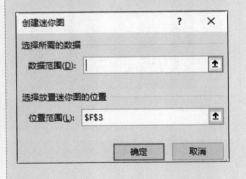

03 选择 B3:F3 单元格区域，单击【展开】按钮，返回【创建迷你图】对话框，单击【确定】按钮。

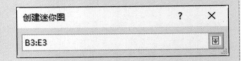

04 即可完成一月份各分店销售情况迷你图的创建。

	A	B	C	D	E	F
1	销售业绩表					
2	分店 月份	一分店	二分店	三分店	四分店	
3	一月份	12568	18567	24586	15962	
4	二月份	12365	16452	25698	15896	
5	三月份	12458	20145	35632	18521	
6	四月份	18265	9876	15230	50420	
7	五月份	12698	9989	15896	25390	
8						

05 将鼠标指针放在 F3 单元格右下角的控制柄上，按住鼠标左键，向下填充至 F7 单元格，即可完成所有月份各分店销售迷你图的创建。

第 3 篇
公式与函数

第 16 课
公式的使用技巧

公式是 Excel 的重要组成部分，学会使用公式计算数据是掌握 Excel 的关键，下面就来看一下公式都有哪些使用技巧吧！

16.1 公式的组成与输入

极简时光

关键词： 公式的组成 手动输入 单击输入

一分钟

公式是 Excel 工作表中进行数值计算的等式，它的计算功能为用户分析和处理工作表中的数据提供了很大的方便。

1. 公式的组成

在 Excel 中，应用公式可以帮助分析工作表汇总的数据，如对数值进行加、减、乘、除等运算。

公式就是一个等式，是由一组数据和运算符组成的序列。

下面举几个公式的例子：

=15+35

=SUM（B1:F6）

= 现金收入 – 支出

上面的例子体现了 Excel 公式的语法，即公式以等号"="开头，后面紧接着运算数和运算符，运算数可以是常数、单元格引用、单元格名称和工作表函数等。

在单元格中输入公式，可以进行计算然后返回结果。公式使用数学运算符来处理数值、文本、工作表函数及其他的函数，在一个单元格中计算出一个数值。数值和文本可以位于其他的单元格中，这样可以方便地更改数据，赋予工作表动态特征。

输入单元格中的公式由下列几个元素组成。

（1）运行符，如"+"（相加）或"*"（相乘）。

（2）单元格引用（包含定义了名称的单元格和区域）。

（3）数值和文本。

（4）工作表函数（如 SUM 函数或 AVERAGE 函数）。

在单元格中输入公式后，单元格中会显示公式计算的结果。当选中单元格时，公式本身会出现在编辑栏中，下表所示为几个公式的例子。

公 式	含 义
=150*0.5	公式只使用了数值且不是很有用
=A1+A2	将单元格 A1 和 A2 中的值相加
=Income-Expenses	将单元格 Income（收入）中的值减去单元格 Expenses（支出）中的值
=SUM(A1:A12)	区域 A1:A12 单元格区域中的数值相加
=A1=C12	比较单元格 A1 和 C12。如果相等，公式返回值为 TRUE；反之则为 FALSE

2. 公式的输入

输入公式时，以等号"="作为开头，以提示 Excel 单元格中含有公式而不是文本。在公式中可以包含各种算术运算符、常量、变量、函数、单元格地址等。在单元格中输入公式的方法可分为以下两种。

（1）手动输入。

01 打开随书光盘中的"素材 \ch16\ 出差费用支出报销单 .xlsx"工作簿，在 I3 单元格中输入公式"=1600+600+300+100+0"，公式会同时出现在单元格和编辑栏中。

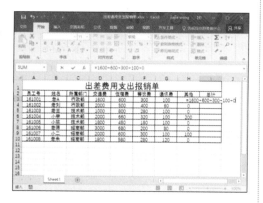

02 按【Enter】键可确认输入并计算出结果。

=1600+600+300+100+0					

差费用支出报销单

交通费	住宿费	餐饮费	通讯费	其他	总计
1600	600	300	100	0	2600
2000	500	400	60	0	
1000	800	280	100	0	
2000	660	320	100	200	
1800	450	180	100	0	
3000	680	200	80	0	
2000	600	300	100	100	
1800	580	280	120	0	

提 示

公式中的各种符号一般都要求在英文状态下输入。

（2）单击输入。

01 在打开的"出差费用支出报销单"工作表中，选中 I4 单元格，输入"="。

02 单击 D4 单元格，单元格周围会显示活动的虚线框，同时编辑栏中会显示"D4"，这就表示 D4 单元格已被引用。

		出差费用支出报销单					
员工号	姓名	所属部门	交通费	住宿费	餐饮费	通讯费	其他	总计
161001	老A	行政部	1600	600	300	100	0	2600
161002	老刘	行政部	2000	500	400	60	0	=D4
161003	老王	技术部	1000	800	280	100	0	
161004	小季	技术部	2000	660	320	100	200	
161005	小陈	技术部	1800	450	180	100	0	
161006	老潭	指管部	3000	680	200	80	0	
161007	小二	指管部	2000	600	300	100	100	
161008	老余	指管部	1800	580	280	120	0	

03 接着输入"+"，然后选择 E4 单元格，然后依次单击输入"+F4+G4+H4"，此时，E4、F4、G4 和 H4 单元格也被引用。

		出差费用支出报销单					
员工号	姓名	所属部门	交通费	住宿费	餐饮费	通讯费	其他	总计
161001	老A	行政部	1600	600	300	100	0	2600
161002	老刘	行政部	2000	500	400	60	0	=D4+E4+F4+G4+H4
161003	老王	技术部	1000	800	280	100	0	
161004	小季	技术部	2000	660	320	100	200	
161005	小陈	技术部	1800	450	180	100	0	
161006	老潭	指管部	3000	680	200	80	0	
161007	小二	指管部	2000	600	300	100	100	
161008	老余	指管部	1800	580	280	120	0	

04 按【Enter】键确认，即可完成公式的输入并得出结果，效果如下图所示。

=D4+E4+F4+G4+H4

差费用支出报销单					
交通费	住宿费	餐饮费	通讯费	其他	总计
1600	600	300	100	0	2600
2000	500	400	60	0	2960
1000	800	280	100	0	
2000	660	320	100	200	
1800	450	180	100	0	
3000	680	200	80	0	
2000	600	300	100	100	
1800	580	280	120	0	

提 示

在需要输入大量单元格时，单击输入可以节省很多时间且不容易出错。

16.2 公式分步计算与调试技巧

极简时光

关键词：【公式求值】按钮 【引用】区域 计算结果

一分钟

当 Excel 表格中的公式比较复杂时，往往会担心结果出错，在 Excel 中用户可以通过调试来查看公式的计算过程，具体操作步骤如下。

01 打开随书光盘中的"素材 \ch16\ 产品销量统计表 .xlsx"工作簿，选择 B9 单元格。单击【公式】选项卡下【公式审核】选项组中的【公式求值】按钮 公式求值。

02 弹出【公式求值】对话框，在【引用】区域可看到引用的是 Sheet1 工作表中的 B9 单元格，在【求值】列表框中可看到 B9 单元格中使用的公式，且 B8 下面有一条下画线，单击【步入】按钮。

03 可看到 B8 单元格中使用的公式，单击【步出】按钮。

04 即可得出 B8 单元格中使用公式计算的结果，最后单击【求值】按钮。

05 即可得出计算结果。

16.3 审核公式的正确性

极简时光

关键词： 输入公式　错误提示　【错误检查】对话框　修改公式　追踪引用单元格　【移去箭头】选项

一分钟

利用 Excel 提供的公式审核功能，可以方便地检查公式中出现的错误，帮助用户快速改正。

01 打开随书光盘中的"素材 \ch16\ 员工入职日期表 .xlsx"工作簿，选中 D3 单元格，在编辑栏中输入公式"=IF((COUTIF($C$3:$C$13,C3))>1," 入职时间相同 ","")"。

提示

COUNTIF 函数用于对区域中满足单个指定条件的单元格进行计数。公式 "=IF((COUNTIF($C$3:$C$13,C3))>1,"入职时间相同","")" 中，"$C$3:$C$10" 为绝对引用单元格区域，整体表示与 C3 单元格数值相同的单元格的数量大于 1 个时，显示"入职时间相同"，否则返回空文本。

02 按【Enter】键，则在 D3 单元格中显示错误提示，选中 D3 单元格，单击【公式】选项卡下【公式审核】选项组中的【错误检查】按钮。

03 弹出【错误检查】对话框，显示检测到的错误公式，并给出出错的原因，单击【关于此错误的帮助】按钮。

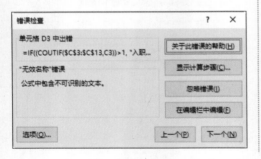

04 会弹出关于如何更正此错误的网页，显示具体的原因，并给出解决方案，根据网页中的内容，检查输入的公式，发现公式的名称存在拼写错误。

05 在编辑栏中修改公式，按【Enter】键即可得出正确的结果，然后使用自动填充功能填充其他单元格，效果如下图所示。

提 示

选中出现错误的单元格，即可看到单元格左侧显示错误提示的符号，单击该符号，在弹出的下拉列表中选择【关于此错误的帮助】选项，则会出现如何更正此错误的界面。

另外，利用 Excel 提供的审核功能，可以方便地检查工作表中涉及公式的单元格之间的关系。当公式使用引用单元格或从属单元格时，检查公式的准确性或查找错误的根源会很困难，而 Excel 提供有帮助检查公式的功能，可以使用【追踪引用单元格】按钮和【追踪从属单元格】按钮，以追踪箭头显示或追踪单元格之间的关系，从而审核公式的正确性。追踪单元格的具体操作步骤如下。

01 启动 Excel 2016，新建一个空白工作表，在 A1 和 B1 单元格中分别输入数字 "23" 和 "47"，在 C1 单元格中输入公式 "=A1+B1"，按【Enter】键确认，得出计算结果。选中 C1 单元格，单击【公式】选项卡下【公式审核】选项组中的【追踪引用单元格】按钮 追踪引用单元格 ，即可显示蓝色箭头来表示单元格之间的引用关系。

02 选中 C1 单元格，按【Ctrl+C】组合键复制，在 D1 单元格中按【Ctrl+V】组合键将公式粘贴在单元格内。选中 C1 单元格，单击【公式】选项卡下【公式审核】选项组中的【追踪从属单元格】按钮 追踪从属单元格 ，即可显示单元格之间的从属关系。

03 要移去工作表上的追踪箭头，单击【公式】选项卡下【公式审核】选项组中的【移去箭头】按钮，或者单击【移去箭头】右侧的下拉按钮，在弹出的下拉菜单中选择【移去箭头】选项即可。

16.4 使用名称简化公式

极简时光

关键词：【定义名称】按钮 【新建名称】对话框 【名称管理器】按钮 【用于公式】按钮

一分钟

当公式比较复杂时，可以使用给单元格的特定区域定义名称，然后使用已定义的名称来简化公式，具体操作步骤如下。

01 打开随书光盘中的"素材\ch16\出差费用支出报销单.xlsx"工作簿，选择 D3:H3 单元格区域。

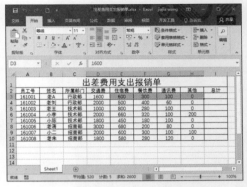

02 单击【公式】选项卡下【定义的名称】选项组中的【定义名称】按钮 定义名称 。

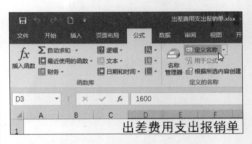

03 弹出【新建名称】对话框，在【名称】文本框中输入"老 A 的出差费用"，然后单击【确定】按钮。

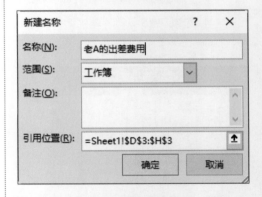

04 即可完成 D3:H3 单元格区域名称的定义，并在名称框中显示。

05 使用同样的方法，设置其他需要定义的单元格区域名称。定义完成后，单击【公式】选项卡下【定义的名称】选项组中的【名称管理器】按钮。

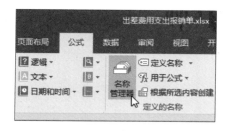

06 弹出【名称管理器】对话框，可看到工作表中包含的所有已定义的名称，单击【关闭】按钮。

07 选择 I3 单元格，输入公式"=SUM()"，并将鼠标光标定位在括号中间。

08 单击【公式】选项卡下【定义的名称】选项组中的【用于公式】按钮，在弹出的下拉列表中选择【老 A 的出差费用】选项。

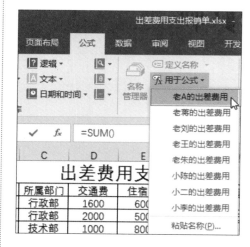

09 即可将此名称应用到公式中。

10 按【Enter】键，即可计算出老 A 的出差总费用。

11 使用同样的方法计算出其他员工的出差总费用，最终效果如下图所示。

16.5　快速计算的方法

极简时光

关键词：【自动求和】
按钮　自动选择单元格
区域　计算结果

一分钟

在 Excel 的功能区中可使用公式快速计算出结果，具体操作步骤如下。

01 打开随书光盘中的"素材\ch16\成绩表.xlsx"工作簿，选中 B9 单元格。单击【公式】选项卡下【函数库】选项组中的【自动求和】按钮 Σ自动求和 ▼。

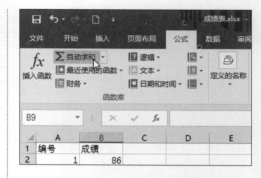

02 系统即可自动选择 B2:B8 单元格区域。

03 按【Enter】键即可得出计算结果。

单击【公式】选项卡下【函数库】选项组中的【自动求和】下拉按钮Σ自动求和，可看到在弹出的下拉列表中有【求和】【平均值】【计数】【最大值】【最小值】等选项，用户可以根据需要进行选择，在这里就不再——介绍了。

🐮 牛人干货

将公式结果转换为数值

在 Excel 中，选中带有公式的单元格，在编辑栏中会显示该单元格中使用的公式，如果不希望他人看到单元格中使用的公式，可以将公示结果转换为数值，具体操作步骤如下。

01 打开随书光盘中的"素材 \ch16\ 员工工资条 .xlsx"工作簿，选择 A1:H10 单元格区域，按【Ctrl+C】组合键复制所选内容。

02 单击【开始】选项卡下【剪贴板】选项组中的【粘贴】下拉按钮，在弹出的下拉列表中选择【选择性粘贴】选项。

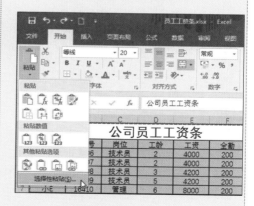

03 弹出【选择性粘贴】对话框，在【粘贴】选项区域中选中【数值】单选按钮，单击【确定】按钮。

选择性粘贴

粘贴

- ○ 全部(A)
- ○ 公式(F)
- ● 数值(V)
- ○ 格式(T)
- ○ 批注(C)
- ○ 验证(N)

- ○ 所有使用源主题的单元(H)
- ○ 边框除外(X)
- ○ 列宽(W)
- ○ 公式和数字格式(R)
- ○ 值和数字格式(U)
- ○ 所有合并条件格式(G)

运算

- ● 无(O)
- ○ 加(D)
- ○ 减(S)

- ○ 乘(M)
- ○ 除(I)

- ☐ 跳过空单元(B)
- ☐ 转置(E)

[粘贴链接(L)]　　[确定]　[取消]

04 选中之前带有公式的一列中的任意单元格，编辑栏中显示的将不再是公式，而是数值。

	A	B	C	D	E	F	G	H
						H3		4700

公司员工工资条

姓名	员工号	岗位	工龄	工资	全勤	补助	总计
小A	16306	技术员	2	4000	200	500	4700
小B	16307	技术员	2	4000	200	500	4700
小C	16308	技术员	3	4200	200	500	4900
小D	16309	技术员	5	4200	200	500	4900
小E	16410	管理	6	8000	200	800	9000
小F	16411	管理	8	8000	200	800	9000
小G	16412	经理	10	11000	200	1200	12400
小H	16413	经理	12	11000	200	1200	12400

第 17 课

单元格的引用

单元格的引用就是单元格的地址的引用，所谓单元格的引用就是把单元格的数据和公式联系起来。了解单元格的引用并学会使用可以更快捷地使用公式分析和处理数据。

17.1 单元格引用与引用样式

极简时光

关键词：A1 引用样式 R1C1 引用样式 【Excel 选项】对话框 启用 R1C1 引用样式

一分钟

单元格引用有不同的表示方法，既可以直接使用相应的地址表示，也可以用单元格的名称表示。用地址来表示单元格引用有两种样式，一种是 A1 引用样式，另一种是 R1C1 样式。

1. A1 引用样式

A1 引用样式是 Excel 的默认引用类型。这种类型的引用是用字母表示列（从 A 到 XFD，共 16384 列），用数字表示行（从 1 到 1048576）。引用的时候先写列字母，再写行数字。若要引用单元格，输入列标和行号即可。例如，C10 引用了 C 列和 10 行交叉处的单元格。

如果引用单元格区域，可以输入该区域左上角单元格的地址、比号（:）和该区域右下角单元格的地址。例如，在 "素材\ch01\农作物产量 .xlsx" 工作簿中，在 H3 单元格公式中引用了 B3:G3 单元格区域。

	单位	小麦	玉米	谷子	水稻	大豆	薯薯	合计
1			部分村农作物产量 (公斤/公顷)					
3	花园村	7232	3788	7650	2679	1615	4091	27055
4	黄河村	6687	5122	7130	3388	3439	0	25766
5	解放村	3685	3978	5896	2659	1346	727	18291
6	丰产村	6585	0	7835	3614	2039	0	20073
7	春丰村	4985	5697	6763	3133	1780	1038	23396
8	丰收村	3732	0	6327	1345	933	0	12337
9	胜利村	5250	5775	6986	4296	1374	5945	29626
10	青春村	6735	4131	7996	5135	1784	6000	31781
11	向阳村	5158	6150	6205	4323	1179	5690	28705
12	红旗村	4290	6354	12290	1735	613	1847	27129
13	丰田村	5643	5882	7817	5036	1624	4445	30447

2. R1C1 引用样式

在 R1C1 引用样式中，用 R 加行数字和 C 加列数字来表示单元格的位置。若表示相对引用，行数字和列数字都用中括号 "[]" 括起来；如果不加中括号，则表示绝对引用。例如，当前单元格是 A1，则单元格引用为 R1C1；加中括号 R[1]C[1] 则表示引用下面一行和右边一列的单元格，即 B2。

提 示

R 代表 Row，是行的意思；C 代表 Column，是列的意思。R1C1 引用样式与 A1 引用样式中的绝对引用等价。

启用 R1C1 引用样式的具体操作步骤如下。

01 打开随书光盘中的"素材 \ch17\ 农作物产量 .xlsx"工作簿。

02 选择【文件】选项卡，在打开的界面中，选择左侧列表中的【选项】。

03 弹出的【Excel 选项】对话框中，在左侧列表中选择【公式】选项，在右侧的【使用公式】选项区域中选中【R1C1 引用样式】复选框。单击【确定】按钮，即可启用 R1C1 引用样式。

04 此时在"农作物产量"工作簿中，单元格 R3C8 公式中引用的单元格区域表示为"RC[-6]:RC[-1]"。

提 示

在 Excel 工作表中，如果引用的是同一工作表中的数据，可以使用单元格地址引用；如果引用的是其他工作簿或工作表中的数据，可以使用名称来代表单元格、单元格区域、公式或值。

17.2 相对引用

极简时光

关键词： 相对引用 显示公式 拖曳鼠标指针改变公式

一分钟

相对引用是指单元格的引用会随公式所在单元格位置的变更而改变。复制公式时，系统不是把原来的单元格地址原样照搬，而是根据公式原来的位置和复制的目标位置来推算出公式中单元格地址相对原来位置的变化。默认情况下，公式使用的是相对引用。

01 打开随书光盘中的"素材 \ch17\ 工资表 .xlsx"工作簿，选择 F3 单元格，在编辑栏中显示 F3 单元格中的公式为"=C3+D3+E3"。

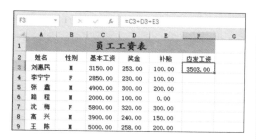

02 移动鼠标指针到 F3 单元格的右下角，当指针变成 ✚ 形状时向下拖至 F4 单元格，F4 单元格中的公式则会变为"=C4+D4+E4"。

17.3 绝对引用

极简时光

关键词：绝对引用 修改公式 拖曳鼠标指针 公式不改变

一分钟

绝对引用是指在复制公式时，无论如何改变公式的位置，其引用单元格的地址都不会改变。绝对引用的表示形式是在普通地址的前面加"$"，如 C1 单元格的绝对引用形式为 $C$1。

01 打开随书光盘中的"素材 \ch17\ 工资表 .xlsx"工作簿，将 F3 单元格中的公式修改为"=$C$3+$D$3+ $E$3"。

02 移动鼠标指针到 F3 单元格的右下角，当指针变成 ✚ 形状时向下拖至 F4 单元格，F4 单元格公式仍然为"=$C$3+$D$3+$E$3"，即表示这种公式为绝对引用。

17.4 混合引用

极简时光

关键词：混合引用 修改公式 拖曳鼠标指针 改变公式

一分钟

除了相对引用和绝对引用外，还有混合引用，也就是相对引用和绝对引用的共同引用。当需要固定行引用而改变列引用，或者固定列引用而改变行引用时，就要用到混合引用，即相对引用部分发生改变，绝对引用部分不变，如 $B5、B$5 都是混合引用。具体操作步骤如下。

01 打开随书光盘中的"素材\ch17\工资表.xlsx"工作簿，将 F3 单元格中的公式修改为"=$C3+D$3+E3"。

F3		▾	× ✓ ƒx	=$C3+D$3+E3	
▲	A	B	C	D	E	F
1			员工工资表			
2	姓名	性别	基本工资	奖金	补贴	应发工资
3	刘惠民	M	3150.00	253.00	100.00	3503.00
4	李宁宁	F	2850.00	230.00	100.00	
5	张 鑫	M	4900.00	300.00	200.00	
6	路 程	M	2000.00	100.00	0.00	

02 移动鼠标指针到单元格 F3 的右下角，当指针变成 ✚ 形状时向下拖至 F4 单元格，F4 单元格中的公式则会变为"=$C4+D$3+E4"。

F4		▾	× ✓ ƒx	=$C4+D$3+E4	
▲	A	B	C	D	E	F
1			员工工资表			
2	姓名	性别	基本工资	奖金	补贴	应发工资
3	刘惠民	M	3150.00	253.00	100.00	3503.00
4	李宁宁	F	2850.00	230.00	100.00	3203.00
5	张 鑫		4900.00	300.00	200.00	
6	路 程		2000.00	100.00	0.00	

17.5 使用引用

极简时光

关键词：使用引用 输入引用地址 跨工作表引用 跨工作簿引用 引用交叉区域

一分钟

在定义公式时，要根据需要灵活使用单元格的引用，以便准确、快捷地利用公式计算数据。引用的使用分为 4 种情况，即引用当前工作表中的单元格、引用当前工作簿中其他工作表中的单元格、引用其他工作簿中的单元格和引用交叉区域。

1. 引用当前工作表中的单元格

引用当前工作表中的单元格地址的方法是在单元格中直接输入单元格的引用地址，具体操作步骤如下。

01 打开随书光盘中的"素材\ch17\工资表.xlsx"工作簿，选择 F4 单元格。

▲	A	B	C	D	E	F
1			员工工资表			
2	姓名	性别	基本工资	奖金	补贴	应发工资
3	刘惠民	M	3150.00	253.00	100.00	3503.00
4	李宁宁	F	2850.00	230.00	100.00	
5	张 鑫	M	4900.00	300.00	200.00	
6	路 程	M	2000.00	100.00	0.00	
7	沈 梅	F	5800.00	320.00	300.00	
8	高 兴	M	3900.00	240.00	150.00	
9	王 陈	M	5000.00	258.00	200.00	
10	陈 岚	F	3000.00	230.00	100.00	
11	周 媛	F	4050.00	280.00	200.00	
12	王国强	M	2000.00	100.00	0.00	
13	刘倩如	M	2800.00	220.00	80.00	
14	陈雪如	F	3600.00	240.00	100.00	

Sheet1 Sheet2 ⊕

02 在单元格或编辑栏中输入"="。

SUM		▾	× ✓ ƒx	=	
▲	A	B	C	D	E	F
1			员工工资表			
2	姓名	性别	基本工资	奖金	补贴	应发工资
3	刘惠民	M	3150.00	253.00	100.00	3503.00
4	李宁宁	F	2850.00	230.00	100.00	=
5	张 鑫	M	4900.00	300.00	200.00	
6	路 程	M	2000.00	100.00	0.00	
7	沈 梅	F	5800.00	320.00	300.00	
8	高 兴	M	3900.00	240.00	150.00	
9	王 陈	M	5000.00	258.00	200.00	
10	陈 岚	F	3000.00	230.00	100.00	
11	周 媛	F	4050.00	280.00	200.00	
12	王国强		2000.00	100.00	0.00	

03 选择 C4 单元格，在编辑栏中输入"+"；再选择 D4 单元格，在编辑栏中输入"+"；最后选择 E4 单元格。

04 按【Enter】键即可计算出结果。

2. 引用当前工作簿中其他工作表中的单元格

引用当前工作簿中其他工作表中的单元格,即进行跨工作表的单元格地址引用,具体操作步骤如下。

01 接上面的操作步骤,单击工作表中的【Sheet2】标签,选择【Sheet2】工作表。

02 在工作表中选择 D3 单元格,在单元格或编辑栏中输入"="。

03 选择【Sheet1】工作表,选择 F3 单元格,在编辑栏中输入"-"。

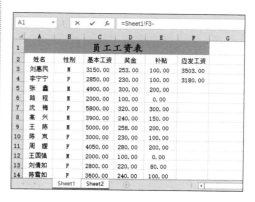

04 选择【Sheet2】工作表,选择 C3 单元格。

05 按【Enter】键，即可在 D3 单元格中计算出跨工作表单元格引用的数据。

D3			f_x	=Sheet1!F3-Sheet2!C3
	A	B	C	D	E
1	员工宿舍月租				
2	姓名	性别	房租	实发工资	
3	刘惠民	M	200.00	3303.00	
4	李宁宁	F	180.00		
5	张 鑫	M	150.00		
6	路 程	M	220.00		
7	沈 梅	F	100.00		
8	高 兴	M	200.00		
9	王 陈	M	150.00		
10	陈 岚	M	100.00		
11	周 煜	M	150.00		
12	王国强	M	180.00		

3. 引用其他工作簿中的单元格

如果要引用其他工作簿中的单元格数据，首先需要保证引用的工作簿是打开的。对多个工作簿中的单元格数据进行引用的具体操作步骤如下。

01 启动 Excel 2016，新建一个空白工作表，并打开随书光盘中"素材\ch17\工资表 .xlsx"工作簿，在空白工作表中选择单元格 A1，在编辑栏中输入"="。

SUM			$\times$ $\checkmark$ f_x	=
	A	B	C	D
1	=			
2				
3				
4				
5				
6				
7				
8				

02 切换到"工资表 .xlsx"工作簿，选择 C3 单元格，然后在编辑栏中输入"+"，选择 D3 单元格，再次在编辑栏中输入"+"，选择 E3 单元格。

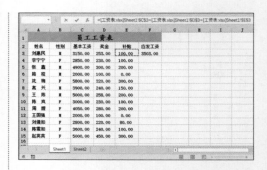

03 按【Enter】键，即可在空白工作表中计算出"工资表"中员工的应发工资。

4. 引用交叉区域

在工作表中定义多个单元格区域，或者两个区域之间有交叉的范围，可以使用交叉运算符来引用单元格区域的交叉部分。例如，两个单元格区域 A1:C8 和 C6:E11，它们的相交部分可以表示成"A1:C8 C6:E11"。

	A	B	C	D
1				
2				
3				
4				
5				
6				
7				
8				
9				

交叉运算符就是一个空格，也就是将两个单元格区域用一个（或多个）空格分开，就可以得到这两个区域的交叉部分。

循环引用

当一个单元格内的公式直接或间接地应用了这个公式本身所在的单元格时，就称为循环引用。在工作簿中使用循环引用时，在状态栏中会显示"循环引用"字样，并显示循环引用的单元格地址。

> **提 示**
>
> 单元格中如果使用了循环引用，Excel 2013 将无法自动计算其结果。此时可以先定位和取消循环引用，利用"迭代"功能设置循环引用中涉及单元格的循环次数。

1. 定位循环引用

01 打开随书光盘中的"素材 \ch17\ 各分店产品销量汇总表 .xlsx"工作簿，选择单元格 G4，在编辑栏中输入函数公式"=SUM(B4:G4)"。

02 按【Enter】键，系统会弹出提示框，单击【确定】按钮。

03 工作表中显示的计算结果为"0"。

04 选中任意单元格，如选中单元格 H5，在【公式】选项卡中，单击【公式审核】选项组中的【错误检查】右侧的下拉按钮，在弹出的下拉菜单中选择【循环引用】→【$G$4】选项。

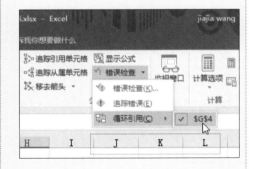

05 鼠标光标即定位到单元格 G4 中。

2. 使用"迭代"功能设置迭代次数

01 选择【文件】选项卡，在打开的界面中，选择左侧列表中的【选项】。

02 弹出【Excel选项】对话框，在左侧的列表中选择【公式】选项，在右侧的【计算选项】选项区域中选中【启用迭代计算】复选框，在【最多迭代次数】微调框中输入迭代次数"1"，即重复计算的次数，然后单击【确定】按钮。

03 工作表中单元格 G4 的数据显示为"25766"。

	各分店产品销量汇总表 (单位: 台)					
产品名称	一分店	二分店	三分店	四分店	五分店	合计
洗衣机	7232	3788	7650	2679	1615	22964
电冰箱	6687	5122	7130	3388	3439	25766
微波炉	3685	3978	5896	2659	1346	
空调	6585	0	7835	3614	2039	
电热毯	4985	5697	6763	3133	1780	
饮水机	3732	0	6327	1345	933	
吸尘器	5250	5775	6986	4296	1374	
消毒柜	6735	4131	7996	5135	1784	
电磁炉	5158	6150	6205	4323	1179	
电饭锅	4290	6354	12290	1735	613	

04 在【Excel选项】对话框的【最多迭代次数】微调框中输入迭代次数"2"，单击【确定】按钮，工作表中单元格 G4 的数据显示为"77298"。

	各分店产品销量汇总表 (单位: 台)					
产品名称	一分店	二分店	三分店	四分店	五分店	合计
洗衣机	7232	3788	7650	2679	1615	22964
电冰箱	6687	5122	7130	3388	3439	77298
微波炉	3685	3978	5896	2659	1346	
空调	6585	0	7835	3614	2039	
电热毯	4985	5697	6763	3133	1780	
饮水机	3732	0	6327	1345	933	
吸尘器	5250	5775	6986	4296	1374	
消毒柜	6735	4131	7996	5135	1784	
电磁炉	5158	6150	6205	4323	1179	
电饭锅	4290	6354	12290	1735	613	

提 示

迭代次数越高，Excel 计算工作表所需的时间越长。当设置【最多迭代次数】为【1】时，公式中计算次数是循环一次；设置【最多迭代次数】为【2】时，公式中计算次数是循环两次，依次类推。如果不改变默认的迭代设置，Excel 在 100 次迭代后，或者在两次相邻迭代得到的数值变化小于 0.001 时，就会停止迭代运算。

第 18 课
别怕，函数其实很简单

人们通常会出于对未知事物无法掌控等原因，对其产生恐惧心理，从而回避它。然而大多数情况下是自己给自己设置了障碍，当开始面对它，并走近它的时候，就会发现它远没有想象的那么难。

18.1 认识函数的组成和参数类型

极简时光

关键词：认识函数 标识符 逻辑值参数 单元格引用参数 其他函数公式 数组参数

一分钟

Excel 2016 提供了丰富的内置函数，按照函数的应用领域分为 13 类，用户可以根据需要直接进行调用，函数类型及其作用如下表所示。

函数类型及其作用

函数类型	作用
财务函数	进行一般的财务计算
日期和时间函数	可以分析和处理日期及时间
数学与三角函数	可以在工作表中进行简单的计算
统计函数	对数据区域进行统计分析
查找与引用函数	在数据清单中查找特定数据或查找一个单元格引用
数据库函数	分析数据清单中的数值是否符合特定条件
文本函数	在公式中处理字符串
逻辑函数	进行逻辑判断或复合检验
信息函数	确定存储在单元格中数据的类型
工程函数	用于工程分析
多维数据集函数	用于从多维数据库中提取数据集和数值
兼容函数	这些函数已由新函数替换，新函数可以提供更好的精确度，且名称更好地反映其用法
Web 函数	通过网页链接直接用公式获取数据

> **提 示**
>
> 在 Excel 2010 中总共有 12 种函数类型，与 Excel 2016 的内置函数相比，Excel 2010 中没有 Web 函数。

在 Excel 中，一个完整的函数公式通常由三部分构成，分别是标识符、函数名称、函数参数，其格式如下。

A2	▼	⋮	✕	✓	fx	=SUM(A1+A2)

	A	B	C	D
1	113			
2	25			
3	=SUM(A1+A2)			
4				
5				
6				
7				
8				

1. 标识符

在单元格中输入计算函数时，必须先输入"="，这个"="称为函数的标识符。如果不输入"="，Excel 通常将输入的函数公式作为文本处理，不返回运算结果。

2. 函数名称

函数标识符后面的英文是函数名称。大多数函数名称是对应英文单词的缩写；有些函数名称是由多个英文单词（或缩写）组合而成的。例如，条件求和函数 SUMIF 是由求和 SUM 和条件 IF 组成的。

3. 函数参数

函数参数主要有以下几种类型。

（1）常量参数。常量参数主要包括数值（如 123.45）、文本（如计算机）和日期（如 2013-5-25）等。

（2）逻辑值参数。逻辑值参数主要包括逻辑真（TRUE）、逻辑假（FALSE）及逻辑判断表达式（例如，单元格 A3 不等于空表示为 "A3<>()"）的结果等。

（3）单元格引用参数。单元格引用参数主要包括单个单元格的引用和单元格区域的引用等。

（4）名称参数。在工作簿文档中各个工作表中自定义的名称，可以作为本工作簿内的函数参数直接引用。

（5）其他函数公式。用户可以用一个函数公式的返回结果作为另一个函数公式的参数。对于这种形式的函数公式，通常称为"函数嵌套"。

（6）数组参数。数组参数可以是一组常量（如 2，4，6），也可以是单元格区域的引用。

18.2 函数的插入与嵌套

关键词：函数的插入与嵌套 【插入函数】对话框 选择【AVERAGE】选项 输入函数

一分钟

函数的嵌套是指将一个公式或函数的计算结果作为另一个函数的函数，即在已有的函数中再加进去一个函数。函数的插入与嵌套的具体操作步骤如下。

01 打开随书光盘中的"素材 \ch18\ 公司上半年产品销量 .xlsx"工作簿，选择 B9：E9 单元格区域，单击【开始】选项卡下【对齐方式】选项组中的【合并后居中】按钮，将其合并居中。

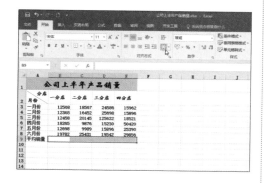

02 单击【公式】选项卡下【函数库】选项组中的【插入函数】按钮。

03 弹出【插入函数】对话框，在【选择函数】列表框中选择【AVERAGE】选项，单击【确定】按钮。

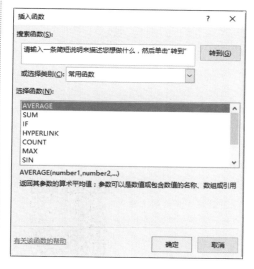

04 弹出【函数参数】对话框，在【Number1】文本框中输入"SUM(B3:B8)"，在【Number2】文本框中输入"SUM(C3:C8)"，在【Number3】文本框中输入"SUM(D3:D8)"，在【Number4】文本框中输入"SUM(E3:E8)"，单击【确定】按钮。

05 可计算出 4 个分店在上半年的平均销量。

18.3 IF 函数

极简时光

关键词： IF 函数　输入公式　按【Enter】键　填充功能

一分钟

IF 函数的功能：根据对指定条件的逻辑判断的真假结果，返回相对应的内容。

语法：

IF(logical_test,value_if_true,value_if_false)；

参数：

logical_test：表示逻辑判断表达式。

value_if_true：表示当判断条件为逻辑"真"（TRUE）时，显示该处给定的内容。如果忽略，返回"TRUE"。

value_if_false：表示当判断条件为逻辑"假"（FALSE）时，显示该处给定的内容。如果忽略，返回"FALSE"。

01 打开随书光盘中的"素材 \ch18\ 员工业绩表 .xlsx"工作簿，选择 C2 单元格，在编辑栏中输入公式"=IF(B2>=10000,2000,1000)"。

提　示

　　公式"=IF(B2>=10000,2000,1000)"表示的是，如果 B2 单元格中的数值，即该员工的业绩大于或等于 10000 时，该员工的奖金为 2000，否则为 1000。

02 按【Enter】键即可计算出该员工的奖金。

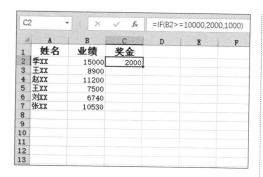

03 利用填充功能，填充其他单元格，计算其他员工的奖金。

18.4 VLOOKUP 函数

【极简时光】

关键词：VLOOKUP 函数
输入公式　按【Enter】键
自动填充功能

一分钟

VLOOKUP 函数的功能：用于在数据表的第一列中查找指定的值，然后返回当前行中的其他列的值。

语法：

VLOOKUP(lookup_value，table_array，col_index_num，[range_lookup])

参数：

lookup_value：要在表格或单元格区域的第一列中查找的值，可以是值或引用。

table_array：包含数据的单元格区域，可以是文本、数字或逻辑值。其中，文本不区分大小写。

col_index_num：参数 table_array 要返回匹配值的列号。如果参数 col_index_num 为 1，返回参数 table_array 中第 1 列的值；如果为 2，则返回参数 table_array 中第 2 列的值，依次类推。

range_lookup：一个逻辑值，用于指定 VLOOKUP 函数在查找时使用精确匹配值还是近似匹配值。

01 打开随书光盘中的 "素材 \ch18\ 销售业绩表 .xlsx" 工作簿。工作簿中包含两个工作表，分别为 "业绩管理" "12 月份业绩额"。单击【12 月份业绩额】工作表，选择 C2 单元格，在编辑栏中直接输入公式 "=VLOOKUP(A2, 业绩管理 !$A$3:$O$11,15,1)"。

02 按【Enter】键确认，即可看到 C2 单元格中自动显示员工 "张 ×× " 12 月份的销售业绩额。

C2			fx	=VLOOKUP(A2,业绩管理!$A$3:$O$11,15,1)		
	A	B	C	D	E	F
1	员工编号	姓名	12月份销售业绩额			
2	20160101	张XX	78000			
3	20160102	李XX				
4	20160103	胡XX				
5	20160104	周XX				
6	20160105	刘XX				
7	20160106	王XX				
8	20160107	董XX				
9	20160108	岳XX				
10	20160109	韩XX				
11						

业绩管理 | 12月份业绩额

03 使用自动填充功能，完成其他员工 12 月份的销售业绩额计算。最终效果如下图所示。

C2			fx	=VLOOKUP(A2,业绩管理!$A$3:$O$11,15,1)		
	A	B	C	D	E	F
1	员工编号	姓名	12月份销售业绩额			
2	20160101	张XX	78000			
3	20160102	李XX	66000			
4	20160103	胡XX	82700			
5	20160104	周XX	64800			
6	20160105	刘XX	157640			
7	20160106	王XX	21500			
8	20160107	董XX	39600			
9	20160108	岳XX	52040			
10	20160109	韩XX	70640			
11						

业绩管理 | 12月份业绩额

18.5 SUMIF 函数

极简时光

关键词：SUMIF 函数 打开素材文件 输入公式按【Enter】键

一分钟

SUMIF 函数的功能：使用 SUMIF 函数可以对区域中符合指定条件的值求和。

语法：

SUMIF (range, criteria, sum_range);

参数：

range：用于条件计算的单元格区域，每个区域中的单元格都必须是数字或名称、数组或包含数字的引用，空值和文本值将被忽略。

criteria：用于确定对哪些单元格求和的条件，其形式可以为数字、表达式、单元格引用、文本或函数。例如，条件可以表示为 32、">32"、B5、32、"32" 或 TODAY() 等。

sum_range：要求和的实际单元格（如果要对未在 range 参数中指定的单元格求和）。如果省略 sum_range 参数，Excel 会对在范围参数中指定的单元格（即应用条件的单元格）求和。

01 打开随书光盘中的 "素材 \ch18\ 生活费用明细表 .xlsx" 工作簿。

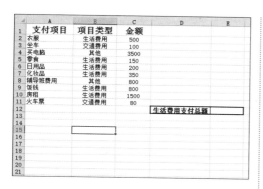

02 选择 E12 单元格，在编辑栏中输入公式 "=SUMIF(B2:B11," 生活费用 ",C2:C11)"。

03 按【Enter】键即可计算出该月生活费用的支付总额。

🥷 牛人干货

大小写字母转换技巧

与大小写字母转换相关的 3 个函数为 LOWER、UPPER 和 PROPER。

LOWER 函数：将字符串中所有的大写字母转换为小写字母。

	A	B	C	D
1	I Love You	i love you		
2				
3				
4				
5				
6				
7				
8				
9				
10				

B1 | f_x | =LOWER(A1)

UPPER 函数：将字符串中所有的小写字母转换为大写字母。

B1		▼	:	×	✓	f_x	=UPPER(A1)	

	A	B	C	D
1	I Love You	I LOVE YOU		
2				
3				
4				
5				
6				
7				
8				
9				
10				

PROPER 函数：将字符串中的首字母及任何非字母字符后面的首字母转换为大写字母。

B1		▼	:	×	✓	f_x	=PROPER(A1)	

	A	B	C	D
1	i love you	I Love You		
2				
3				
4				
5				
6				
7				
8				
9				
10				

第 4 篇

数据管理与分析

第 19 课

最简单的数据分析——排序

数据分析是 Excel 的强大功能之一，使用 Excel 2016 可以对表格中的数据进行简单分析。常用的分析工具有排序、筛选、分类汇总，以及公式和函数。下面介绍 Excel 的排序功能，通过 Excel 的排序功能可以快速将数据表中的内容按照特定的规则排序。

Excel 2016 提供了多种排序方法，用户可以一键快速排序，也可以根据需要自定义排序。

19.1 一键快速排序

极简时光

关键词： 一键快速排序
【数据】选项卡 升序
排列 【开始】选项卡

一分钟

一键快速排序是在办公过程中经常使用的简单排序，它具有操作简单、快速、便捷的特点。一键快速排序的具体操作步骤如下。

01 打开随书光盘中的"素材 \ch19\ 超市日销售报表 .xlsx"工作簿，选中所需排序所在列的任意单元格。

02 单击【数据】选项卡下【排序和筛选】选项组中的【升序】按钮或【降序】按钮，这里单击【升序】按钮。

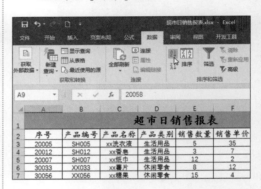

03 升序排列的效果如下图所示。

　　在【开始】选项卡下单击【编辑】选项组中的【排序和筛选】按钮 ，在弹出的下拉列表中选择【升序】选项或【降序】选项，也可实现一键快速排序。

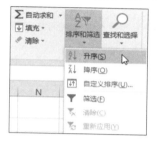

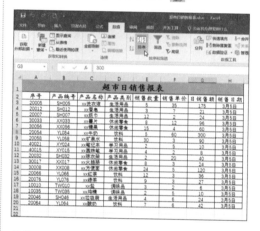

02 单击【数据】选项卡下【排序和筛选】选项组中的【排序】按钮 。

19.2 自定义排序

关键词: 自定义排序 【数据】选项卡 【排序】对话框 【自定义序列】对话框

一分钟

　　在 Excel 中，用户可以根据自己的需要自定义排序序列，将商品类别按照调味品、生活用品、饮料、休闲零食、学习用品排序的具体操作步骤如下。

01 打开随书光盘中的"素材 \ch19\ 超市日销售报表 .xlsx"工作簿，选择任意一个单元格。

03 弹出【排序】对话框，在【主要关键字】下拉列表中选择【产品类别】选项，在【次序】下拉列表中选择【自定义序列】选项。

04 弹出【自定义序列】对话框，在【自定义序列】选项卡下【输入序列】文本框内输入"调味品、生活用品、饮料、休闲零食、学习用品"，每输入一个条目后按【Enter】键分隔条目，输入完成后单击【添加】按钮。

05 即可将其添加到【自定义序列】列表框中，选中自定义的序列，单击【确定】按钮。

06 返回【排序】对话框，在【次序】下拉列表框中可看到自定义的序列，单击【确定】按钮。

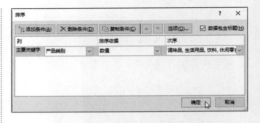

07 即可将数据按照自定义的序列进行排序，效果如下图所示。

19.3 排序结果为什么不准确

极简时光

关键词：排序结果为什么不准确　有空格　格式不统一　第一行数据不参与排序　有合并单元格

一分钟

　　在 Excel 中对表格中的数据进行排序时，有时会出现排序结果不准确的情况。下面列举几种导致排序结果不准确的常见原因。

1. 数字之间有空格

　　若选择需要排序的数据之间含有空格，则不能正确排序。需要将中间的空单元格删除。

▲	A	B	C
1		1.2	
2		15	
3		20	
4			
5		17	
6		30	
7		2	
8		5	
9			

在【排序】对话框中取消选中【数据包含标题】复选框,否则第一行的数据会被当作标题不参与排序。

2. 数字格式不统一

如果排序的数据格式不统一,如包含文本格式和数据格式,则不能正确排序,所以在排序之前,先检查以下所选区域的数据格式是否统一,然后再进行排序。

▲	A	B	C
1		1.2	
2		2	
3		5	
4		15	
5		20	
6		30	
7		30	
8			

3. 第一行数据不参与排序

在选择需要排序的数据区域中,如果第一行是数据,不是表标题,在排序时就需要

4. 数据区域中含有合并的单元格

若选择需要排序的数据区域中含有合并的单元格,单击【升序】按钮或【降序】按钮,则会弹出【Microsoft Excel】信息提示框,提示无法进行排序操作,除非取消合并的单元格,或者将所选区域改为相同大小的合并单元格。

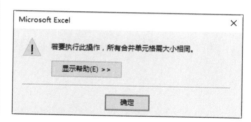

🎓 牛人干货

让表中序号不参与排序

在对数据进行排序的过程中,在某些情况下并不需要对序号进行排序,这种情况下可以使用下面的方法。

01 打开随书光盘中的"素材 \ch19\ 英语成绩表 .xlsx"工作簿。

▲	A	B	C	D	E
1		英语成绩表			
2	1	刘	60		
3	2	张	59		
4	3	李	88		
5	4	赵	76		
6	5	徐	63		
7	6	夏	35		
8	7	马	90		
9	8	孙	92		
10	9	馨	77		
11	10	郑	65		
12	11	林	68		
13	12	钱	72		

02 选中 B2:C13 单元格区域，单击【数据】选项卡下【排序和筛选】选项组中的【排序】按钮。

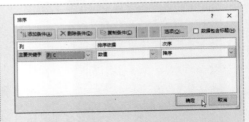

03 弹出【排序】对话框，将【主要关键字】设置为【列 C】，将【排序依据】设置为【数值】，将【次序】设置为【降序】，单击【确定】按钮。

04 即可将成绩表进行以成绩为依据的从高往低的排序，而序号不参与排序，效果如下图所示。

	A	B	C	D
1	英语成绩表			
2	1	孙	92	
3	2	马	90	
4	3	李	88	
5	4	翟	77	
6	5	赵	76	
7	6	钱	72	
8	7	林	68	
9	8	郑	65	
10	9	徐	63	
11	10	刘	60	
12	11	张	59	
13	12	夏	35	
14				
15				
16				

在排序之前选中数据区域则只对数据区域内的数据进行排序。

第 20 课
筛选与高级筛选

在一大堆杂乱的数据表中单靠双眼去查找筛选数据，不仅是在花费时间，也是在考验耐心。Excel 的筛选功能可以将满足用户条件的数据单独显示，学会使用 Excel 的数据筛选功能，可以快速查看需要的数据，提高工作效率。

Excel 提供了较强的数据处理、维护、检索和管理功能，下面介绍如何通过筛选功能快捷、准确地找出符合要求的数据。

20.1 一键添加或取消筛选

极简时光

关键词：一键添加 【数据】选项卡 取消筛选 快速取消筛选

一分钟

在处理数据时，会经常用到数据筛选功能来查看一些特定的数据。

1. 一键添加筛选

01 打开随书光盘中的"素材\ch20\汇总销售记录表.xlsx"工作簿。选择数据表中的任意一个单元格。

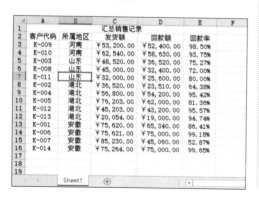

02 单击【数据】选项卡下【排序和筛选】选项组中的【筛选】按钮。

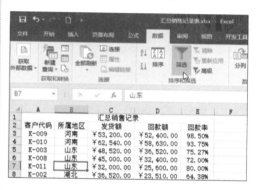

03 可看到表头信息右侧出现下拉按钮，表示此工作表处于筛选状态。单击【所属地区】列右侧的下拉按钮，在弹出的下拉列表中选中【山东】复选框，单击【确定】按钮。

155

04 可筛选出"山东"地区的销售数据。

	A	B	C	D	E
1			汇总销售记录		
2	客户代▼	所属地▼	发货额 ▼	回款额 ▼	回款▼
5	K-003	山东	￥48,520.00	￥36,520.00	75.27%
6	K-008	山东	￥45,000.00	￥32,400.00	72.00%
7	K-011	山东	￥32,000.00	￥25,600.00	80.00%
17					
18					
19					
20					
21					
22					
23					

2. 取消筛选

取消筛选有以下两种方法。

方法 1

01 单击【数据】选项卡下【排序和筛选】选项组中的【筛选】按钮。

02 可快速取消筛选状态。

	A	B	C	D	E
1			汇总销售记录		
2	客户代码	所属地区	发货额	回款额	回款率
3	K-009	河南	￥53,200.00	￥52,400.00	98.50%
4	K-010	河南	￥62,540.00	￥58,630.00	93.75%
5	K-003	山东	￥48,520.00	￥36,520.00	75.27%
6	K-008	山东	￥45,000.00	￥32,400.00	72.00%
7	K-011	山东	￥32,000.00	￥25,600.00	80.00%
8	K-002	湖北	￥36,520.00	￥23,510.00	64.38%
9	K-004	湖北	￥56,800.00	￥54,200.00	95.42%
10	K-005	湖北	￥76,203.00	￥62,000.00	81.36%
11	K-012	湖北	￥45,203.00	￥43,200.00	95.57%
12	K-013	湖北	￥20,054.00	￥19,000.00	94.74%
13	K-001	安徽	￥75,620.00	￥65,340.00	86.41%
14	K-006	安徽	￥75,621.00	￥75,000.00	99.18%
15	K-007	安徽	￥85,230.00	￥45,060.00	52.87%
16	K-014	安徽	￥75,264.00	￥75,000.00	99.65%
17					
18					

方法 2

01 单击【所属地区】列右侧的下拉按钮，在弹出的下拉列表中选择【从"所属地区"中清除筛选】选项。

02 可取消对"山东"地区销售数据的筛选。

	A	B	C	D	E
1			汇总销售记录		
2	客户代▼	所属地 ▼	发货额 ▼	回款额 ▼	回款▼
3	K-009	河南	￥53,200.00	￥52,400.00	98.50%
4	K-010	河南	￥62,540.00	￥58,630.00	93.75%
5	K-003	山东	￥48,520.00	￥36,520.00	75.27%
6	K-008	山东	￥45,000.00	￥32,400.00	72.00%
7	K-011	山东	￥32,000.00	￥25,600.00	80.00%
8	K-002	湖北	￥36,520.00	￥23,510.00	64.38%
9	K-004	湖北	￥56,800.00	￥54,200.00	95.42%
10	K-005	湖北	￥76,203.00	￥62,000.00	81.36%
11	K-012	湖北	￥45,203.00	￥43,200.00	95.57%
12	K-013	湖北	￥20,054.00	￥19,000.00	94.74%
13	K-001	安徽	￥75,620.00	￥65,340.00	86.41%
14	K-006	安徽	￥75,621.00	￥75,000.00	99.18%
15	K-007	安徽	￥85,230.00	￥45,060.00	52.87%
16	K-014	安徽	￥75,264.00	￥75,000.00	99.65%
17					

20.2 数字、TOP 10 及文本筛选

极简时光

关键词：数字筛选 【数据】选项卡 【自定义自动筛选方式】对话框 TOP 10 筛选 文本筛选

一分钟

Excel 提供了多种筛选条件，能够帮助用户快速筛选出所需要的信息。下面介绍 Excel 筛选数据时常用的筛选条件。

1. 数字筛选

01 打开随书光盘中的"素材 \ch20\ 商品库存明细表 .xlsx"工作簿，选择数据区域中的任意一个单元格。

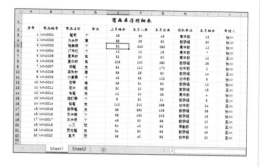

02 单击【数据】选项卡下【排序和筛选】选项组中的【筛选】按钮 筛选。

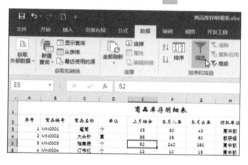

03 工作表即可自动进入筛选状态，单击"上月结余"单元格右侧的下拉按钮，在弹出的下拉列表中选择【数字筛选】→【大于】选项。

04 弹出【自定义自动筛选方式】对话框，在这里设置筛选"上月结余大于 80 且小于 100"的数据信息。在第一个下拉列表框中选择【大于】选项，在第二个下拉列表框中输入"80"，选中【与】单选按钮，在下方的第一个下拉列表框中选择【小于】选项，在第二个下拉列表框中输入"100"，设置完成后，单击【确定】按钮。

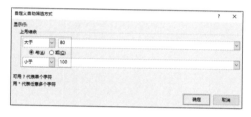

05 即可将满足条件的信息筛选出来，效果如下图所示。

2.TOP 10 筛选

01 打开随书光盘中的"素材 \ch20\ 商品库存明细表 .xlsx"工作簿，选择数据区域中的任意一个单元格。单击【数据】选项卡下【排序和筛选】选项组中的【筛选】按钮 ，工作表即可自动进入筛选状态。

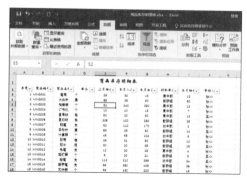

02 单击【上月结余】列右侧的下拉按钮，在弹出的下拉菜单中选择【数字筛选】→【前10项】选项。

03 弹出【自动筛选前10个】对话框，在左侧的下拉列表框中选择【最大】选项，在中间的微调框中输入"10"，在右侧的下拉列表框中选项【项】选项，设置完成后单击【确定】按钮。

04 即可将满足条件的信息筛选出来，效果如下图所示。

3. 文本筛选

01 打开随书光盘中的"素材 \ch20\ 商品库存明细表 .xlsx"工作簿，选择数据区域

中的任意一个单元格。单击【数据】选项卡下【排序和筛选】选项组中的【筛选】按钮，工作表即可自动进入筛选状态。

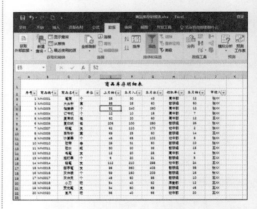

02 单击【领取单位】列右侧的下拉按钮，在弹出的下拉列表中选择【文本筛选】→【等于】选项。

03 弹出【自定义自动筛选方式】对话框，在这里设置筛选出"初中部"和"高中部"的数据信息。在第一个下拉列表框中选择【等于】选项，在第二个下拉列表框中选择【初中部】选项，选中【或】单选按钮，在下方的第一个下拉列表框中选择【等于】选项，在第二个下拉列表框中选择【高中部】选项，设置完成后，单击【确定】按钮。

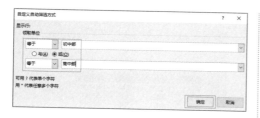

04 即可将满足条件的信息筛选出来，效果如下图所示。

20.3 一键清除筛选结果

极简时光

关键词： 一键清除筛选 【数据】选项卡 【排序和筛选】选项组

一分钟

在使用 Excel 的数据筛选功能时，一键清除筛选结果是常用的操作，具体操作步骤如下。

01 打开随书光盘中的"素材 \ch20\ 汇总销售记录表 .xlsx"工作簿。使用一键添加筛选的方法筛选出"河南"和"山东"地区的销售数据，单击【数据】选项卡下【排序和筛选】选项组中的【清除】按钮 清除。

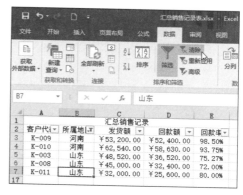

02 即可一键清除筛选结果。

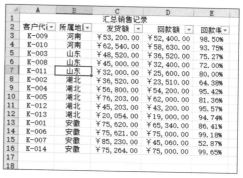

20.4 高级筛选去除重复值

极简时光

关键词： 高级筛选 【数据】选项卡 【高级筛选】对话框 重复数据去除

一分钟

使用 Excel 中的高级筛选功能，可以快速去除工作表中的重复值，节省处理数据的时间。

01 打开随书光盘中的"素材 \ch20\ 查找重复值 .xlsx"工作簿。

02 单击【数据】选项卡下【排序和筛选】选项组中的【高级】按钮。

03 在弹出的【高级筛选】对话框中选中【将筛选结果复制到其他位置】单选按钮。将【列表区域】设置为【Sheet1!$A$1:$B$13】，将【复制到】设置为【Sheet1!$C$1】，选中【选择不重复的记录】复选框，单击【确定】按钮。

04 即可将选定区域中的重复数据去除，效果如下图所示。

20.5 跨工作表筛选信息

极简时光

关键词：跨工作表筛选信息　【数据】选项卡　【高级筛选】对话框　筛选条件

一分钟

使用 Excel 的高级筛选功能，可跨工作表快速筛选出所需要的信息，具体操作步骤如下。

01 打开随书光盘中的"素材 \ch20\ 商品库存明细表 .xlsx"工作簿，选择【Sheet2】工作表，在 A1 和 A2 单元格内分别输入"审核人"和"张 ××"，在 B1 单元格内输入"商品名称"。

02 选择 Sheet2 工作表中的任意一个空白单元格，单击【数据】选项卡下【排序和筛选】选项组中的【高级】按钮 。

03 弹出【高级筛选】对话框，在【方式】选项区域中选中【将筛选结果复制到其他位置】单选按钮，在【列表区域】文本框内输入"Sheet1!$A$2:$J$22"，在【条件区域】文本框内输入"Sheet2!$A$1:$A$2"，在【复制到】文本框内输入"Sheet2!$B$1"，选中【选择不重复的记录】复选框，单击【确定】按钮。

> **提 示**
>
> 条件区域用来指定筛选的数据必须满足的条件。在条件区域中要求包含作为筛选条件的字段名，字段名下面必须有两个空行，一行用来输入筛选条件，另一行作为空行把条件区域和数据区域分开。

04 即可将"商品库存明细表"中张××审核的商品名称单独筛选出来并复制到指定区域，效果如下图所示。

> **提 示**
>
> 输入的筛选条件文字需要和数据表中的文字保持一致。

🐮 牛人干货

模糊筛选

模糊筛选通常也可称为通配符筛选，模糊筛选常用的数值类型有数值型、日期型和文本型，通配符"？"和"＊"只能配合"文本型"数据使用，如果数据是日期型和数值型，则需要通过设置限定范围（如大于、小于、等于等）来实现。例如，筛选出姓"刘"且名字只有一个字的人名的具体操作步骤如下。

01 打开随书光盘中的"素材 \ch20\ 项目进行计划表 .xlsx"工作簿,选择任意一个单元格,单击【数据】选项卡下【排序和筛选】选项组中的【筛选】按钮,在标题行每列的右侧出现一个下拉按钮。

02 单击【负责人】列右侧的下拉按钮,在弹出的下拉列表中选择【文本筛选】→【自定义筛选】选项。

03 弹出【自定义自动筛选方式】对话框,在【等于】后面的文本框中输入"刘?",单击【确定】按钮。

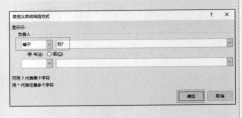

 示

此处的问号是英文状态下输入的。

04 即可筛选出姓"刘"且名字只有一个字的人名。

	A	B	C	D	E
1			项目进行计划表		
2	序号	项目名称	开始时间	完成时间	负责人
9	A007	项目7	2017/6/24	2017/7/21	刘伟
12	A010	项目10	2017/8/2	2017/8/6	刘伟

提 示

通配符中"?"代表单个字符,"*"可代表多个字符。如输入"刘?"表示姓刘,且名字只有一个字,输入"刘*"则表示姓刘,且名字至少是一个字。

第21课
条件格式的使用

在 Excel 中，使用条件格式可以方便、快捷地将符合要求的数据突出显示出来，使工作表中的数据一目了然。用户不仅可以使用系统自带的数据条格式、颜色格式、小图标格式，还可以根据需要自定义单元格的条件格式。

21.1 什么情况下使用条件格式

极简时光

关键词：Excel 自动应用
设定条件格式

一分钟

在布满数据的表格中靠肉眼挑选出符合特定条件的数据，是不符合实际的。当然，如果数据比较少，条件简单，靠肉眼手工做做也是可以的，找到了符合条件的单元格，就做个标记，如以红色字体显示，但是如果表中的数据发生变化，就得重新查找并做出标记，按照这样的操作，即使是数据少的表格，也会带来不少的麻烦。这时，就需要使用 Excel 的"条件格式"功能，即满足设定的条件，就使单元格显示为设定的格式。

当条件为真时，Excel 自动应用于所选的单元格格式（如单元格的底纹或字体颜色），即在所选的单元格中符合条件的以一种格式显示，不符合条件的以另一种格式显示。

▲	A	B	C	D
1	学号	姓名	成绩	
2	100101	张XX	86	
3	100102	李XX	78	
4	100103	王XX	56	
5	100104	钱XX	88	
6	100105	赵XX	54	
7	100106	周XX	91	
8	100107	孙XX	46	
9	100108	高XX	63	
10	100109	马XX	75	
11	100110	杜XX	84	
12	100111	何XX	86	
13	100112	姚XX	72	
14	100113	姬XX	69	
15	100114	杨XX	58	
16	100115	黄XX	91	
17				

设定条件格式，可以让用户基于单元格内容有选择地和自动地应用单元格格式。例如，通过设置，使区域内的所有负值有一个浅红色的背景色。当输入或改变区域中的值时，如果数值为负数，背景就变化，否则就不应用任何格式。

▲	A
1	89
2	76
3	-56
4	58
5	-100
6	-93
7	

▲	A
1	89
2	76
3	-3
4	58
5	-100
6	-93
7	

21.2 突出显示单元格效果

极简时光

关键词： 突出显示单元格效果 【开始】选项卡 【小于】对话框 成绩所在单元格突出显示

一分钟

Excel 的条件格式功能可以为满足条件的单元格内容设置格式，以便将所需要的信息突出显示，方便用户查看数据。例如，将学生成绩表中不及格的分数突出显示出来，具体操作步骤如下。

01 打开随书光盘中的"素材 \ch21\ 学生成绩表 .xlsx"工作簿，选择 C2:C16 单元格区域。

▲	A	B	C	D
1	学号	姓名	成绩	
2	100101	张XX	86	
3	100102	李XX	78	
4	100103	王XX	56	
5	100104	钱XX	88	
6	100105	赵XX	54	
7	100106	周XX	91	
8	100107	孙XX	46	
9	100108	高XX	63	
10	100109	马XX	75	
11	100110	杜XX	84	
12	100111	何XX	86	
13	100112	姚XX	72	
14	100113	姬XX	69	
15	100114	杨XX	58	
16	100115	黄XX	91	
17				

02 单击【开始】选项卡下【样式】选项组中的【条件格式】按钮，在弹出的下拉菜单中选择【突出显示单元格规则】→【小于】选项。

03 弹出【小于】对话框，在【为小于以下值的单元格设置格式】文本框中输入"60"，在【设置为】下拉列表框中选择【浅红填充色深红色文本】选项，设置完成后单击【确定】按钮。

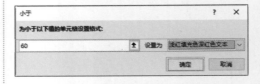

04 即可看到小于 60 的学生成绩所在单元格被突出显示出来，效果如下图所示。

▲	A	B	C	D	E
1	学号	姓名	成绩		
2	100101	张XX	86		
3	100102	李XX	78		
4	100103	王XX	56		
5	100104	钱XX	88		
6	100105	赵XX	54		
7	100106	周XX	91		
8	100107	孙XX	46		
9	100108	高XX	63		
10	100109	马XX	75		
11	100110	杜XX	84		
12	100111	何XX	86		
13	100112	姚XX	72		
14	100113	姬XX	69		
15	100114	杨XX	58		
16	100115	黄XX	91		
17					

21.3 套用数据条格式

数据条格式即添加带颜色的数据条以代表某个单元格中的值，值越大，数据条越长。套用数据条格式的具体操作步骤如下。

01 打开随书光盘中的"素材 \ch21\ 学生成绩表 .xlsx"工作簿，选择 C2:C16 单元格区域。

	A	B	C	D
1	学号	姓名	成绩	
2	100101	张XX	86	
3	100102	李XX	78	
4	100103	王XX	56	
5	100104	钱XX	88	
6	100105	赵XX	54	
7	100106	周XX	91	
8	100107	孙XX	46	
9	100108	高XX	63	
10	100109	马XX	75	
11	100110	杜XX	84	
12	100111	何XX	86	
13	100112	姚XX	72	
14	100113	姬XX	69	
15	100114	杨XX	58	
16	100115	黄XX	91	
17				

02 单击【开始】选项卡下【样式】选项组中的【条件格式】按钮，在弹出的下拉列表中选择【数据条】选项，在弹出的级联列表中选择一种数据条样式。

03 即可完成套用数据条格式的操作，效果如下图所示。

	A	B	C	D
1	学号	姓名	成绩	
2	100101	张XX	86	
3	100102	李XX	78	
4	100103	王XX	56	
5	100104	钱XX	88	
6	100105	赵XX	54	
7	100106	周XX	91	
8	100107	孙XX	46	
9	100108	高XX	63	
10	100109	马XX	75	
11	100110	杜XX	84	
12	100111	何XX	86	
13	100112	姚XX	72	
14	100113	姬XX	69	
15	100114	杨XX	58	
16	100115	黄XX	91	
17				

21.4 套用颜色格式

颜色格式即为单元格区域添加颜色渐变,颜色指明每个单元格值在该区域中位置。设置套用颜色格式的具体操作步骤如下。

01 打开随书光盘中的"素材 \ch21\ 学生成绩表 .xlsx"工作簿,选择 C2:C16 单元格区域。

	A	B	C	D	E
1	学号	姓名	成绩		
2	100101	张XX	86		
3	100102	李XX	78		
4	100103	王XX	56		
5	100104	钱XX	88		
6	100105	赵XX	54		
7	100106	周XX	91		
8	100107	孙XX	46		
9	100108	高XX	63		
10	100109	马XX	75		
11	100110	杜XX	84		
12	100111	何XX	86		
13	100112	姚XX	72		
14	100113	姬XX	69		
15	100114	杨XX	58		
16	100115	黄XX	91		
17					

02 单击【开始】选项卡下【样式】选项组中的【条件格式】按钮 ,在弹出的下拉列表中选择【色阶】选项,在弹出的级联列表中选择一种颜色样式。

03 即可完成套用颜色格式的操作,效果如下图所示。

	A	B	C	D	E
1	学号	姓名	成绩		
2	100101	张XX	86		
3	100102	李XX	78		
4	100103	王XX	56		
5	100104	钱XX	88		
6	100105	赵XX	54		
7	100106	周XX	91		
8	100107	孙XX	46		
9	100108	高XX	63		
10	100109	马XX	75		
11	100110	杜XX	84		
12	100111	何XX	86		
13	100112	姚XX	72		
14	100113	姬XX	69		
15	100114	杨XX	58		
16	100115	黄XX	91		
17					

提 示

这里选择"绿-黄-红"色阶样式,表示数据由大到小按照绿色、黄色、红色阶排列。

21.5 套用小图标格式

极简时光

关键词:套用小图标格式 【开始】选项卡 【图标集】选项

一分钟

小图标格式即选择一组图标以代表所选单元格内的值,套用小图标格式的具体操作步骤如下。

01 打开随书光盘中的"素材 \ch21\ 学生成绩表 .xlsx"工作簿,选择 C2:C16 单元格区域。

	A	B	C	D
1	学号	姓名	成绩	
2	100101	张XX	86	
3	100102	李XX	78	
4	100103	王XX	56	
5	100104	钱XX	88	
6	100105	赵XX	54	
7	100106	周XX	91	
8	100107	孙XX	46	
9	100108	高XX	63	
10	100109	马XX	75	
11	100110	杜XX	84	
12	100111	何XX	86	
13	100112	姚XX	72	
14	100113	姬XX	69	
15	100114	杨XX	58	
16	100115	黄XX	91	
17				

02 单击【开始】选项卡下【样式】选项组中的【条件格式】按钮，在弹出的下拉列表中选择【图标集】选项，在弹出的级联列表中选择一组图标样式。

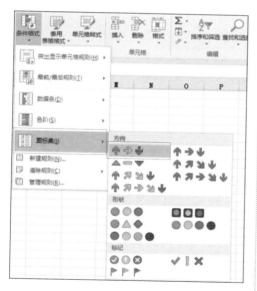

03 即可完成套用小图标格式的操作，效果如下图所示。

	A	B	C	D	E
1	学号	姓名	成绩		
2	100101	张XX	86		
3	100102	李XX	78		
4	100103	王XX	56		
5	100104	钱XX	88		
6	100105	赵XX	54		
7	100106	周XX	91		
8	100107	孙XX	46		
9	100108	高XX	63		
10	100109	马XX	75		
11	100110	杜XX	84		
12	100111	何XX	86		
13	100112	姚XX	72		
14	100113	姬XX	69		
15	100114	杨XX	58		
16	100115	黄XX	91		
17					

21.6 自定义条件格式

极简时光

关键词： 自定义条件格式
【开始】选项卡　【新建
格式规则】对话框　【设
置单元格格式】对话框

一分钟

在 Excel 2016 中，用户不仅可以套用系统自带的单元格条件格式，还可以根据需求自定义条件格式。自定义条件格式的具体操作步骤如下。

01 打开随书光盘中的"素材 \ch21\ 家庭收入支出表 .xlsx"工作簿，选择 D2:D13单元格区域。这里选择为"月总支出大于 2800"的数据所在的单元格设置格式。

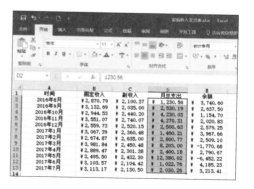

02 单击【开始】选项卡下【样式】选项组
中的【条件格式】按钮，在弹出的下
拉菜单中选择【新建规则】选项。

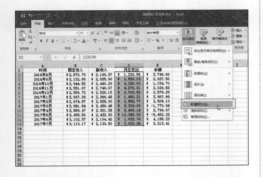

03 弹出【新建格式规则】对话框，在【选
择规则类型】列表框中选择【只为包含
以下内容的单元格设置格式】选项，在【编
辑规则说明】选项区域的左侧下拉列表
框中选择【单元格值】选项，在中间的
下拉列表框中选择【大于】选项，在右
侧文本框中输入"2800"，然后单击【格
式】按钮。

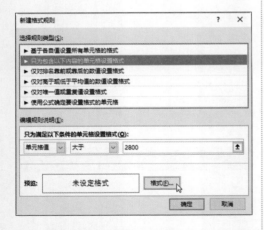

04 弹出【设置单元格格式】对话框，选择【填
充】选项卡，在【背景色】选项区域中
选择【红色】色块，单击【确定】按钮。

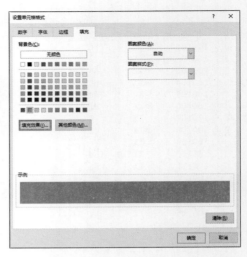

05 返回【新建格式规则】对话框，在【预览】
选项区域中可看到设置的效果，单击【确
定】按钮。

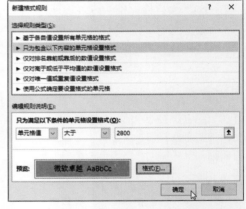

06 即可完成自定义条件格式的设置，效果
如下图所示。

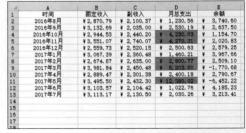

牛人干货

Excel 条件格式中公式的运用

公式是使用 Excel 处理和分析数据的重要工具，在 Excel 的条件格式中使用公式能够快速准确地找到满足条件的数据，从而更好地发挥 Excel 的条件格式功能。在 Excel 的条件格式中使用公式的具体操作步骤如下。

01 打开随书光盘中的"素材 \ch21\ 销售业绩表 .xlsx"工作簿，选择 F3:F13 单元格区域。这里选择为"销售额排名前三"的数据所在的单元格设置格式。

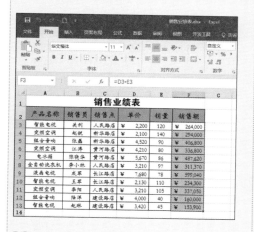

02 单击【开始】选项卡下【样式】选项组中的【条件格式】按钮，在弹出的下拉菜单中选择【新建规则】选项。

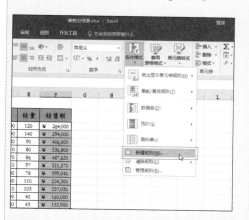

03 弹出【新建格式规则】对话框，在【选择规则类型】列表框中选择【使用公式确定要设置格式的单元格】选项，在【编辑规则说明】选项区域【为符合此公式的值设置格式】文本框中输入公式 "=F3>LARGE($F$3:$F$13,4)"。输入完成后单击【格式】按钮。

提 示

"F3>LARGE($F$3:$F$13,4)" 公式中的"LARGE($F$3:$F$13,4)"表示在 F3:F13 单元格区域中的数值按从大到小的顺序排列，排位第 4 的值。

04 弹出【设置单元格格式】对话框，选择【填充】选项卡，在【背景色】选项区域中选择【红色】色块，单击【确定】按钮。

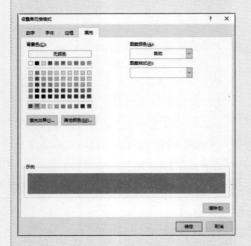

05 返回【新建格式规则】对话框，在【预览】选项区域中可看到设置的效果，单击【确定】按钮。

06 即可将设置好的格式应用到销售额排名前三的数据所在的单元格中，效果如下图所示。

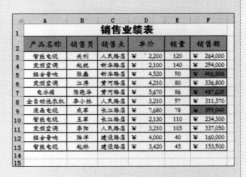

	A	B	C	D	E	F
1			销售业绩表			
2	产品名称	销售员	销售点	单价	销量	销售额
3	智能电视	关利	人民路店	¥ 2,200	120	¥ 264,000
4	变频空调	赵桃	新华路店	¥ 2,100	140	¥ 294,000
5	组合音响	张鑫	新华路店	¥ 4,520	90	¥ 406,800
6	变频空调	江涛	黄河路店	¥ 4,210	80	¥ 336,800
7	电冰箱	陈晓华	黄河路店	¥ 5,670	86	¥ 487,620
8	全自动洗衣机	李小林	人民路店	¥ 3,210	97	¥ 311,370
9	液晶电视	成军	长江路店	¥ 7,680	78	¥ 599,040
10	智能电视	王军	长江路店	¥ 2,130	110	¥ 234,300
11	变频空调	李阳	人民路店	¥ 3,210	105	¥ 337,050
12	组合音响	陆洋	建设路店	¥ 4,000	40	¥ 160,000
13	智能电视	赵林	建设路店	¥ 3,420	45	¥ 153,900
14						
15						

第 22 课
让数据有规则的数据验证

在向工作表中输入数据时，为了防止输入错误的数据，可以为单元格设置有效的数据范围，即在单元格中输入数据时通过提前设定好的规则，限制用户只能输入制定规则范围内的数据，这样可以极大地减小数据处理操作的复杂性。

22.1 数据验证有什么用

极简时光

关键词：【数据】选项卡 【数据验证】对话框 数据格式 【自定义】选项

一分钟

设置数据验证可以防止输入错误数据。例如，在输入员工的工号时，可以通过设置验证工号的有效性来固定编号的长度，同时还可以在输入数据时设置提示信息及输错时的警告信息。

当在设置了数据验证的单元格中输入不符合条件的数据时，就会弹出警告对话框，提示用户输入的信息有误。

在【数据有效性】对话框中可以方便有效地设置数据有效性，其具体的操作步骤如下。

01 单击【数据】选项卡【数据工具】选项组中的【数据验证】按钮 数据验证。

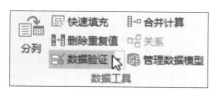

02 弹出【数据验证】对话框，在【设置】选项卡下【允许】下拉列表框中有多种类型的数据格式，如下图所示。

【任何值】：默认选项，对输入数据不做任何限制，表示不使用数据有效性。

【整数】：指定输入的数值必须为整数。

【小数】：指定输入的数值必须为数字或小数。

【序列】：为有效性数据指定一个序列。

【时间】：指定输入的数据必须为时间。

【日期】：指定输入的数据必须为日期。

【文本长度】：指定有效数据的字符数。

【自定义】：使用自定义类型时，允许用户使用定义公式、表达式或引用其他单元格的计算值，来判定输入数据的有效性。

22.2 让他人按照你的规则输入数据

关键词：【数据】选项卡 【数据验证】对话框【输入信息】选项卡 【出错警告】选项卡

一分钟

假如单元格内需要输入特定的几个字符时，比如在员工销售报表的"产品类别"一列中，只需要输入"家用设备"和"办公设备"两个名称，可以将这些特定的字符设置为下拉选项，在输入数据时只能从下拉选项中选择，以便快速准确的输入数据。具体操作步骤如下。

01 打开随书光盘中的"素材\ch22\员工销售报表.xlsx"工作簿，选中 C3:C14 单元格区域，单击【数据】选项卡下【数据工具】选项组中的【数据验证】按钮。

02 弹出【数据验证】对话框，选择【设置】选项卡，单击【验证条件】选项组内【允许】文本框内的下拉按钮，在弹出的下拉列表中选择【序列】选项。

03 显示【来源】文本框，在文本框内输入"家用设备,办公设备"，同时勾选【忽略空值】复选框和【提供下拉箭头】复选框。

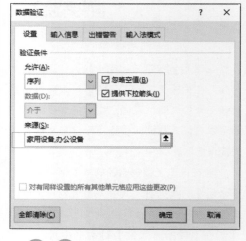

提 示

在【来源】文本框中输入的"家用设备"和"办公设备"之间使用英文状态下的逗号隔开。

04 选择【输入信息】选项卡，选中【选定单元格时显示输入信息】选择框，在【标题】文本框内输入"在下拉列表中选择"，在【输入信息】文本框内输入"请在下拉列表中选择产品类别！"

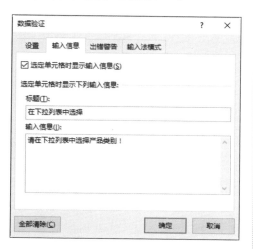

05 选择【出错警告】选项卡，选中【输入
无效数据时显示出错警告】选择框，在
【样式】下拉列表中选择【停止】选项，
在【标题】文本框内输入文字"输入错误"，
在【错误信息】文本框内输入文字"请
在下拉列表中选择！"。设置完成后单
击【确定】按钮。

06 选择"产品类别"列的任意一单元格，
即可看到选中的单元格后出现下拉按钮，
并出现提示信息。

07 在输入信息时如果没有在下拉列表中选
择，则会出现错误信息提示框。如在 C5
单元格中输入"家用"，按【Enter】键，
则会弹出【输入错误】提示框，单击【重
试】按钮。

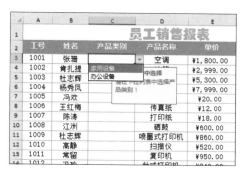

08 即可重新输入，单击 C3 单元格后的下
拉按钮，即可在下拉列表中选择相应的
产品类型。

09 使用同样的方法在 C4:C14 单元格区域输入产品类别。

工号	姓名	产品类别	产品名称	单价	数量	销售金额
			员工销售报表			
1001	张珊	家用设备	空调	¥1,800.00	3	¥5,400.00
1002	肯扎提	家用设备	冰箱	¥2,999.00	4	¥11,996.00
1003	杜志辉	家用设备	电视	¥5,300.00	3	¥15,900.00
1004	杨秀凤	家用设备	摄像机	¥7,999.00	1	¥7,999.00
1005	冯欢	办公设备	A3复印纸	¥20.00	110	¥2,200.00
1006	王红梅	办公设备	传真纸	¥12.00	200	¥2,400.00
1007	陈涛	办公设备	打印纸	¥18.00	60	¥1,080.00
1008	江洲	办公设备	硒鼓	¥600.00	2	¥1,200.00
1009	杜志辉	办公设备	喷墨式打印机	¥860.00	3	¥2,580.00
1010	高静	办公设备	扫描仪	¥520.00	2	¥1,040.00
1011	常留	办公设备	复印机	¥950.00	2	¥1,900.00
1012	冯玲	办公设备	针式打印机	¥840.00	1	¥840.00

牛人干货

限制只能输入汉字

　　用户可以通过设置单元格区域的数据验证，限制在工作表中只能输入汉字，输入其他字符则弹出报警信息，具体操作步骤如下。

01 启动 Excel 2016，新建一个空白工作簿，选择 B1:B6 单元格区域。

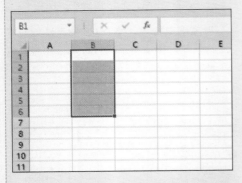

02 单击【数据】选项卡下【数据工具】选项组中的【数据验证】按钮。

03 弹出【数据验证】对话框，选择【设置】选项卡，在【验证条件】选项区域中单击【允许】文本框右侧的下拉按钮，在弹出的下拉列表中选择【自定义】选项。

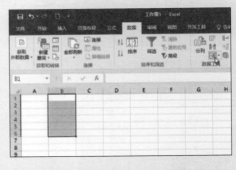

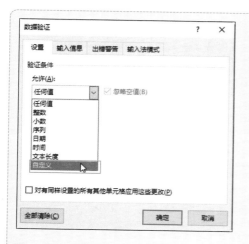

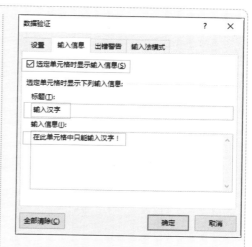

04 在【公式】文本框中输入公式 "=AND(LENB(ASC(B1))=LENB(B1),LEN(B1)*2=LENB(B1))",选中【忽略空值】复选框。

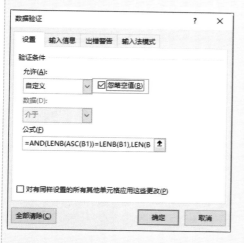

06 选择【出错警告】选项卡,选中【输入无效数据时显示出错警告】复选框,在【样式】下拉列表中选择【停止】选项,在【标题】文本框内输入文字"输入值非法",在【错误信息】文本框内输入文字"其他用户已经限定了可以输入该单元格的数值,类型为'汉字'。"设置完成后单击【确定】按钮。

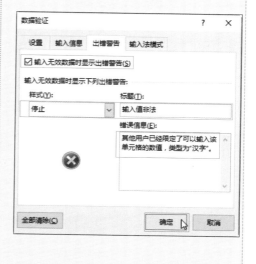

05 选择【输入信息】选项卡,选中【选定单元格时显示输入信息】复选框,在【标题】文本框内输入文字"输入汉字",在【输入信息】文本框内输入文字"在此单元格中只能输入汉字!"。

07 即可完成对单元格的限制。例如，在 B2 单元格内输入"1"，按【Enter】键即可弹出设置的警告信息。

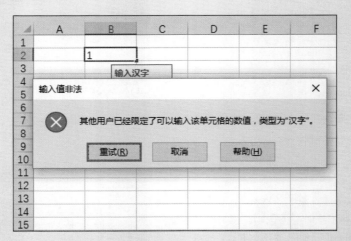

第 23 课
分类汇总及数据分组

在处理数据时，面对庞杂的数据表，有没有过不知所措，数据表看了一遍又一遍还是无从下手？不要着急！Excel 的分类汇总功能先来帮你将这些数据脉络理清楚，从而使数据间的关系变得更加清晰。使用分类汇总功能，可以将大量的数据分类后进行汇总计算，并显示各级别的汇总信息，轻松搞定数据分析。

23.1 一键分类汇总

极简时光

关键词： 一键分类汇总【数据】选项卡 【分类汇总】对话框 分类汇总结果

一分钟

使用分类汇总的数据列表，每一列数据都要有列标题。Excel 使用列标题来决定如何创建数据组及如何计算总和。一键创建分类汇总的具体操作步骤如下。

01 打开随书光盘中的"素材 \ch23\ 汇总表 .xlsx"工作簿，选择 C 列中的任意一个单元格。

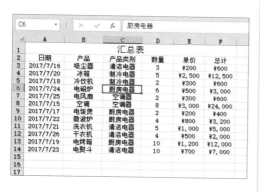

02 单击【数据】选项卡下【排序和筛选】选项组中的【升序】按钮 ，对工作表的数据进行排序。

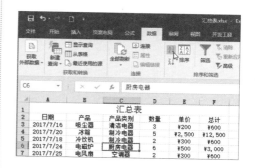

03 选择数据区域任意一个单元格，单击【数据】选项卡下【分级显示】选项组中的【分类汇总】按钮 。

04 弹出【分类汇总】对话框，在【分类字段】列表框中选择【产品类别】选项，表示以"产品类别"字段进行分类汇总。在【汇总方式】列表框中选择【求和】选项，在【选定汇总项】列表框中同时选中【数量】和【总计】复选框，并选中【汇总结果显示在数据下方】复选框，单击【确

定】按钮。

05 分类汇总后的效果如下图所示。

23.2 显示或隐藏分级显示中的明细数据

极简时光

关键词：显示、隐藏明细数据 【数据】选项卡 【显示明细数据】按钮 数据显示出来

一分钟

显示或隐藏分级显示中的明细数据可以

只看自己想看到的分类汇总数据，在分类汇总好的"汇总表"中，隐藏和显示厨房电器的汇总数据的具体操作步骤如下。

01 选择【厨房电器汇总】组内的任意一个单元格。

02 单击【数据】选项卡下【分级显示】选项组中的【隐藏明细数据图标】按钮。

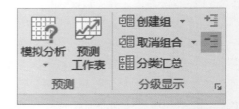

03 即可隐藏【厨房电器汇总】组中的数据，效果如下图所示。

04 如需显示隐藏的数据，则选择 C7 单元格，单击【数据】选项卡下【分级显示】选项组中的【显示明细数据】按钮。

05 即可将【厨房电器汇总】组中的数据显示出来，效果如下图所示。

23.3 删除分类汇总

删除分类汇总的具体操作步骤如下。

01 在打开的汇总表中，单击【数据】选项卡下【分级显示】选项组中的【分类汇总】按钮 分类汇总 。

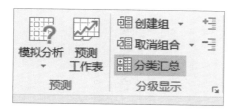

02 弹出【分类汇总】对话框，单击【全部删除】按钮。

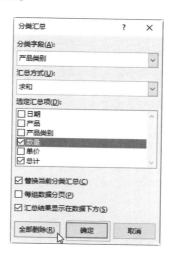

03 即可完成删除分类汇总的操作。

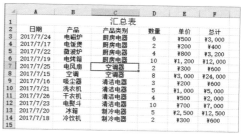

23.4 自动创建分级显示

在 Excel 中可以使用自动创建分级显示功能快速将工作表中的数据分类汇总，以便用户查看和分析数据。自动创建分级显示的具体操作步骤如下。

01 打开随书光盘中的"素材\ch23\产品销售统计分析表.xlsx"工作簿，选择数据区域中的任意一单元格。

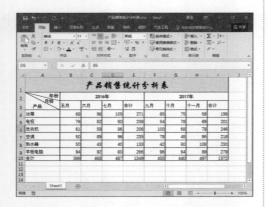

02 单击【数据】选项卡下【分级显示】选项组中的【创建组】按钮右侧的下拉按钮，在弹出的下拉菜单中选择【自动建立分级显示】选项。

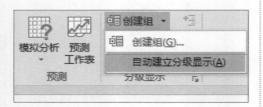

03 系统会自动分析数据区域的数据，从而建立分级显示视图，效果如下图所示。

23.5 手动创建分级显示

极简时光

关键词： 手动创建分级显示 【数据】选项卡 【创建组】对话框 其他数据创建级别

一分钟

除自动创建分级显示外，用户还可以根据需求手动创建分级显示，具体操作步骤如下。

01 打开随书光盘中的"素材\ch23\汇总表.xlsx"工作簿，选择"产品类别"所在列中的任意一个单元格。

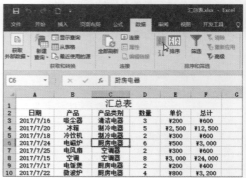

02 单击【数据】选项卡下【排序和筛选】选项组中的【升序】按钮。

03 对"产品类别"所在的数据进行排序。分别在第 6 行、第 9 行、第 14 行下插入一行，依次合并 A7:F7、A10:F10、A15:F15、A18:F18 单元格，并输入如下图所示的文本，并对文本进行加粗设置，效果如下图所示。

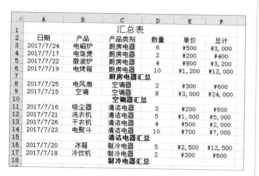

04 选择 B3:B6 单元格区域，单击【数据】选项卡下【分级显示】选项组中的【创建组】按钮。

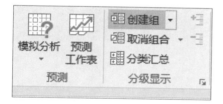

05 弹出【创建组】对话框，选中【行】单选按钮，单击【确定】按钮。

06 即可为 B3:B6 单元格区域中的数据创建一个级别。

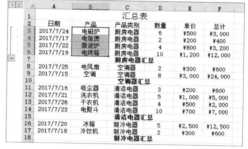

07 使用相同的方法，为其他数据创建级别，效果如下图所示。

牛人干货

1. 分级显示数据

在创建的分类汇总工作表中，数据是分级显示的，并在左侧显示级别。例如，多重分类汇总后的工作表的左侧列表中显示了 4 级分类。

01 在上面创建的分类汇总表中，单击 1 按钮，则显示一级数据，即汇总项的总和。

02 单击 2 按钮，则显示一级和二级数据，即总计和产品类别汇总。

03 单击 3 按钮，则显示所有汇总的详细信息。

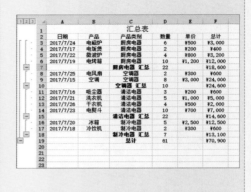

2. 复制分类汇总后的结果

在 2 级汇总视图下，复制并粘贴后的结果中仍带有明细数据，那么如何才能只复制汇总后的数据呢？具体操作步骤如下。

01 在上面创建的分类汇总表中，选中 2 级汇总视图中的整个数据区域。

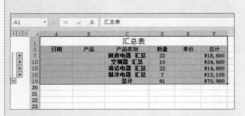

02 按【Alt+;】组合键，将只选中当前显示出来的单元格，而不包含隐藏的明细数据。

03 按【Ctrl+C】组合键复制。

04 在目标区域中按【Ctrl+V】组合键粘贴，即可只粘贴汇总数据。

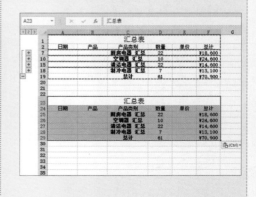

第 24 课
数据合并计算

在职场中，有时会遇到需要汇总计算多张表格中的数据的情况。面对如此多的表格，如何才能快速将这些数据准确无误地计算出来呢？不用担心，Excel 的合并计算功能可以将多张工作表或工作簿中的数据统一到一张工作表中，并合并计算相同类别的数据，帮助用户对数据进行更新和汇总。

24.1 按位置合并计算

极简时光

关键词：按位置合并计算　【公式】选项卡　【新建名称】对话框　【合并计算】对话框

一分钟

按位置进行合并计算就是按同样的顺序排列所有工作表中的数据，将它们放在同一位置中。按位置合并计算的具体操作步骤如下。

01 打开随书光盘中的"素材 \ch24\ 员工工资表 .xlsx"工作簿，选择"工资 1"工作表的 A1:H20 单元格区域。

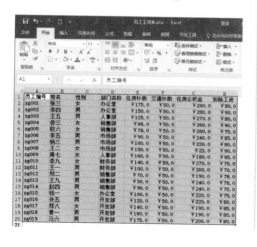

02 单击【公式】选项卡下【定义的名称】选项组中的【定义名称】按钮 定义名称。

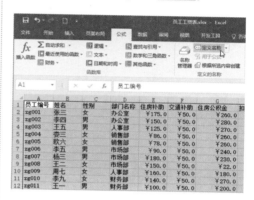

03 弹出【新建名称】对话框，在【名称】文本框中输入"工资 1"，单击【确定】按钮。

04 选择"工资 2"工作表的 E1:H20 单元格区域，单击【公式】选项卡下【定义的名称】选项组中的【定义名称】按钮 定义名称。

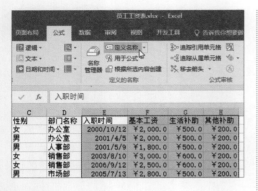

05 弹出【新建名称】对话框，在【名称】文本框中输入"工资2"，单击【确定】按钮。

06 选择"工资1"工作表中的单元格I1，单击【数据】选项卡下【数据工具】选项组中的【合并计算】按钮。

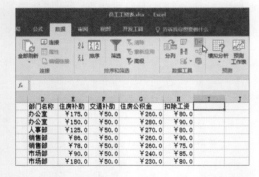

07 弹出【合并计算】对话框，在【引用位置】文本框中输入"工资2"，单击【添加】按钮。

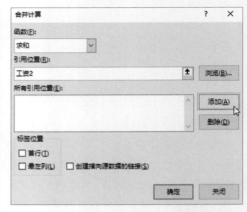

08 把"工资2"添加到【所有引用位置】列表框中，单击【确定】按钮。

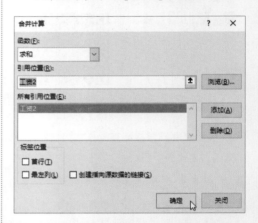

09 即可将名称为"工资2"的区域合并到"工资1"区域中。

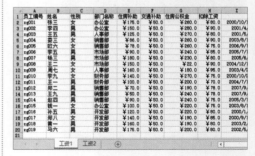

24.2 多字段合并计算

多字段合并计算时首列无须排序，可以提高合并计算的灵活性，并且可以指定区域显示结果，多字段合并计算的具体操作步骤如下。

01 打开随书光盘中的"素材 \ch24\ 销售总量表 .xlsx"工作簿，选择 C10 单元格。

02 单击【数据】选项卡下【数据工具】选项组中的【合并计算】按钮。

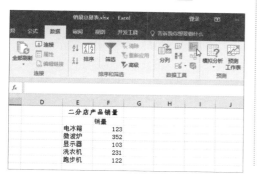

03 弹出【合并计算】对话框，单击【引用位置】文本框右侧的【折叠】按钮。

04 选择 A2:B7 单元格区域，单击【展开】按钮。

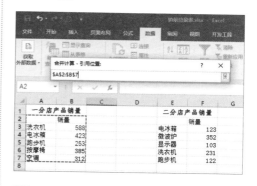

05 展开【合并计算】对话框，单击【添加】按钮，将其添加到【所有引用位置】列表框中。

06 使用相同的方法，选择 E3:F7 单元格区域，单击【展开】按钮。

07 展开【合并计算】对话框，单击【添加】按钮，将第二次引用的数据添加到【所有引用位置】列表框中。并选中【首行】复选框和【最左列】复选框，设置完成后，单击【确定】按钮。

08 即可计算出一分店和二分店的产品销售总量，效果如下图所示。

24.3 多工作表合并计算

如果数据分散在各个明细表中，需要将这些数据汇总到一个总表中，也可以使用合并计算，具体操作步骤如下。

01 打开随书光盘中的"素材 \ch24\ 第二季度产品销售额.xlsx"工作簿，选择"销售汇总"工作表中的 A1 单元格。

02 单击【数据】选项卡下【数据工具】选项组中的【合并计算】按钮。

03 弹出【合并计算】对话框，在【函数】下
拉列表框中选择【求和】函数，单击【引
用位置】文本框右侧的【折叠】按钮 ⬆。

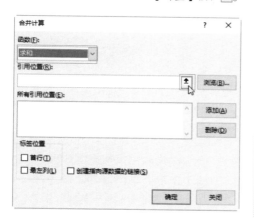

04 将对话框折叠，选择"四月份"工作表
中的 A1:B7 单元格区域，单击【展开】
按钮 ⊞。

05 展开【合并计算】对话框，单击【添加】
按钮。

06 即可将"四月份!$A$1:$B$7"添加到【所
有引用位置】列表框中。

07 使用同样的方法，依次添加"五月份""六
月份"工作表中的数据区域，并选中【首
行】和【最左列】复选框。设置完成后
单击【确定】按钮。

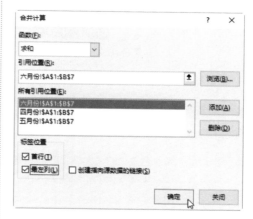

08 合并计算后的数据如下图所示。

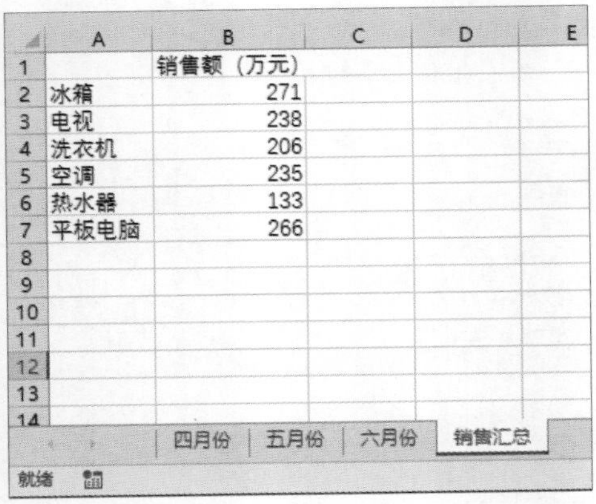

24.4 合并计算多工作簿求和

极简时光

关键词：【数据】选项卡 【合并计算】对话框 【浏览】对话框 添加所选区域

一分钟

Excel 的合并计算功能不仅可以合并计算不同工作表中的数据，而且也可以合并不同工作簿中的数据，具体操作步骤如下。

01 依次打开随书光盘中的“素材\ch24\销售汇总表.xlsx、北京.xlsx、上海.xlsx、广州.xlsx”4 个工作簿，选择“销售汇总表.xlsx”工作簿中的 A1 单元格。

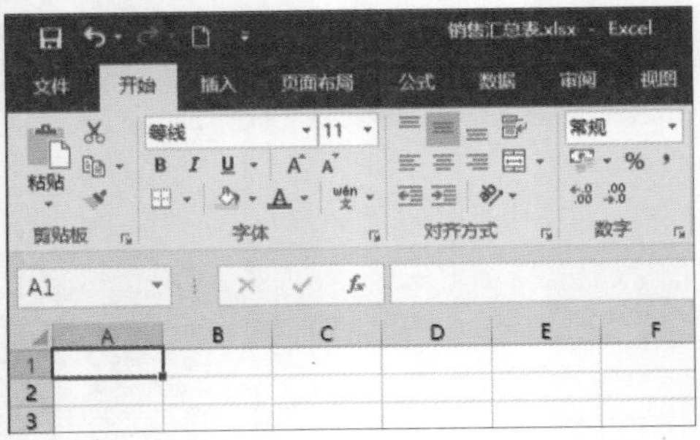

02 单击【数据】选项卡下【数据工具】选项组中的【合并计算】按钮。

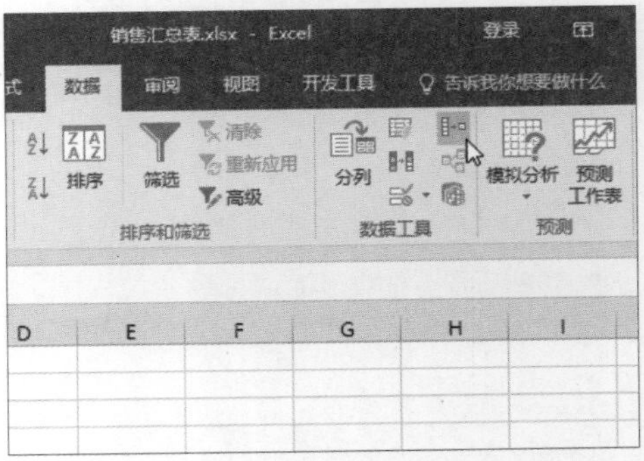

03 弹出【合并计算】对话框，在【函数】下拉列表框中选择【求和】函数，单击【引用位置】文本框右侧【浏览】按钮。

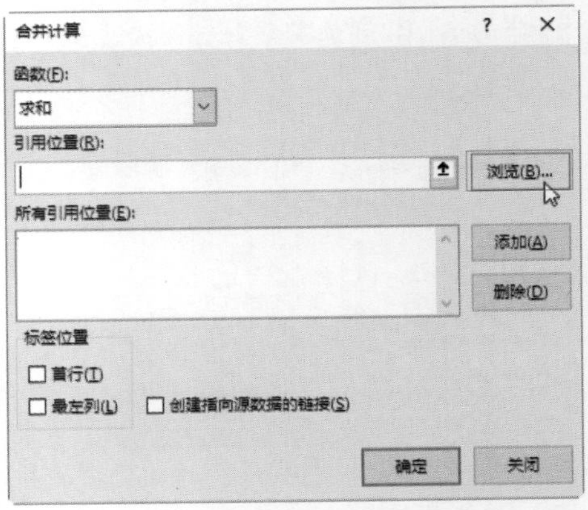

04 弹出【浏览】对话框，选择“北京.xlsx”工作簿，单击【确定】按钮。

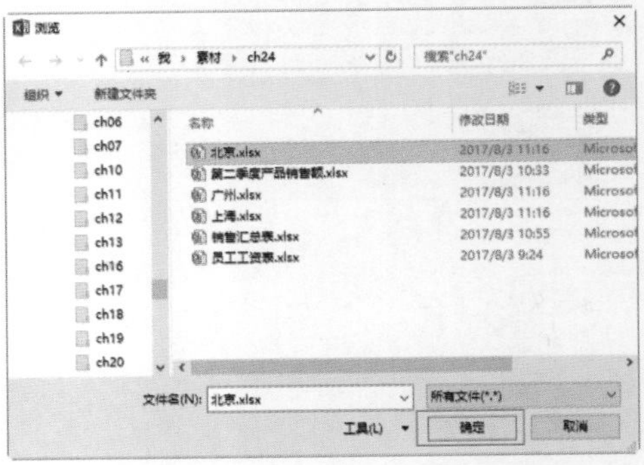

05 返回【合并计算】对话框，单击【引用位置】文本框右侧的【折叠】按钮⬆。

06 选择"北京.xlsx"工作簿中的 A1:B6 单元格区域，单击【展开】按钮⊞。

07 展开【合并计算】对话框，单击【添加】按钮，即可将引用的"北京.xlsx"工作簿中数据区域添加到【所有引用位置】列表框中。

08 使用同样的方法依次添加"上海.xlsx""广州.xlsx"工作簿中的数据区域，并选中【首行】和【最左列】复选框，单击【确定】按钮。

09 即可将所有数据汇总到"销售汇总表.xlsx"工作簿中，效果如下图所示。

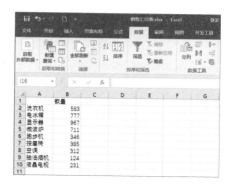

24.5 合并多个工作簿内容到工作表

极简时光

关键词： 启动 Excel 2016【代码编辑器】窗口【宏】对话框 【合并工作簿】对话框

一分钟

189

在 Excel 2016 中，用户不仅可以合并计算多个工作簿中的数据，还可以将多个工作簿中的数据表合并到一个工作簿的工作表中，具体操作步骤如下。

01 启动 Excel 2016，创建一个空白工作簿，并将其命名为"合并多个工作簿"，在"Sheet1"工作表标签右击，在弹出的快捷菜单中选择【查看代码】选项。

02 弹出【代码编辑器】窗口，并输入如下代码：

```
Sub 工作簿间工作表合并 ()
Dim FileOpen
Dim X As Integer
Application.ScreenUpdating =
FalseFileOpen = Application.GetOp
enFilename(FileFilter:="Microsoft
Excel 文件 (*.xlsx),*.xlsx", Multi
Select:=True, Title:="合并工作簿")
X = 1
While X <= UBound(FileOpen)
Workbooks.Open Filename:=
FileOpen(X)Sheets().Move After:=
ThisWorkbook.Sheets(ThisWorkbook.
```

```
Sheets.Count)
X = X + 1
Wend
ExitHandler:
Application.ScreenUpdating = True
Exit Sub
errhadler:
MsgBox Err.Description
End Sub
```

03 输入完成后，关闭【代码编辑器】窗口。

04 返回 Excel 工作表界面，单击【开发工具】选项卡下【代码】选项组中的【宏】按钮。

05 弹出【宏】对话框，在【宏名】列表框中选择【Sheet1.工作簿间工作表合并】选项，单击【执行】按钮。

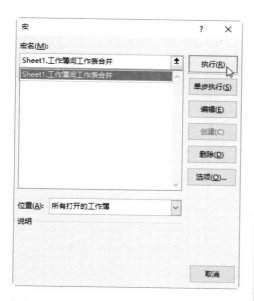

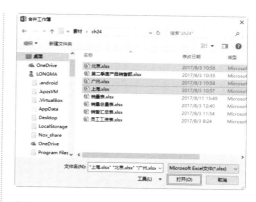

07 即可将其他工作簿中的内容合并到当前
工作簿的工作表中。

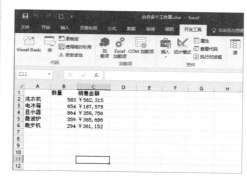

06 弹出【合并工作簿】对话框，选择要合
并的工作簿，单击【打开】按钮。

🚂 牛人干货

用合并计算核对工作表中的数据

在下图所示的两列数据中，要核对"销量A"和"销量B"是否一致，具体的操作步骤如下。

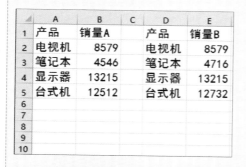

择【数据】选项卡，单击【数据工具】
选项组中的【合并计算】按钮 。

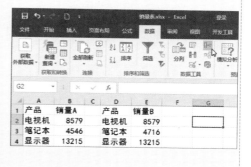

01 打开随书光盘中的"素材 \ch24\ 销量
表 .xlsx"工作簿，选定 G2 单元格，选

02 弹出【合并计算】对话框，添加 A1:B5 和 D1:E5 单元格区域，并选中【首行】和【最左列】复选框，单击【确定】按钮。

03 得出合并结果。

04 在 J3 单元格中输入"=H3=I3"，按【Enter】键。

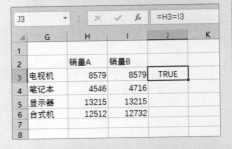

05 使用填充句柄填充 J4:J6 单元格区域，若显示的结果为"FALSE"，则表示"销量 A"和"销量 B"中的数据不一致。

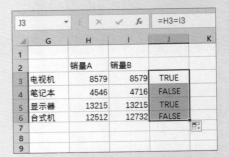

第 25 课
聊聊数据透视表

数据透视表是一种交互式的表，数据透视表可以清晰地展示出数据的汇总情况，对于数据的分析、决策起到至关重要的作用。下面就先来了解一下什么是数据透视表，以及如何创建数据透视表。

25.1 一张数据透视表解决天下事

极简时光

关键词：数据透视表 查询大量数据 查看源数据 数据进行分类汇总和计算

一分钟

数据透视表是一种对大量数据快速汇总和建立交叉列表的交互式动态表格，能够帮助用户分析、组织既有数据，是 Excel 中的数据分析利器。下图所示即为数据透视表。

数据透视表的主要用途是从数据库的大量数据中生成动态的数据报告，对数据进行分类汇总和计算，帮助用户分析和组织数据。还可以对记录数量较多、结构复杂的工作表

进行筛选、排序、分组和有条件地设置格式，显示数据中的规律。

（1）可以使用多种方式查询大量数据。

（2）按分类和子分类对数据进行分类汇总和计算。

（3）展开或折叠要关注结果的数据级别，查看部分区域汇总数据的明细。

（4）将行移动到列或将列移动到行，以查看源数据的不同汇总方式。

（5）对最有用和最关注的数据子集进行筛选、排序、分组和有条件地设置格式，使用户能够关注所需的信息。

（6）提供简明、有吸引力并且带有批注的联机报表或打印报表。

25.2 数据透视表的组成结构

极简时光

关键词：数据透视表的组成结构 行区域 列区域 值区域 报表筛选区域

一分钟

对于任何一个数据透视表来说，可以将其整体结构划分为四大区域，分别是行区域、列区域、值区域和报表筛选区域。

	D	E	F	G	H
2					
3					
4					
5	求和项:销售	列标签 ▼			
6	行标签 ▼	第二季度	第一季度	总计	
7	办公软件	63210	85472	148682	
8	开发工具	7425	102546	109971	
9	系统软件	45621	95624	141245	
10	总计	116256	283642	399898	

（1）数据透视表的行区域。行区域位于数据透视表的左侧，每个字段中的每一项显示在行区域的每一行中。通常在行区域中放置一些可用于进行分组或分类的内容，如办公软件、开发工具及系统软件等。

（2）数据透视表的列区域。列区域由数据透视表各列顶端的标题组成。每个字段中的每一项显示在列区域的每一列中。通常在列区域中放置一些可以随时间变化的内容，如"第一季度"和"第二季度"等，可以很明显地看出数据随时间变化的趋势。

（3）数据透视表的值区域。在数据透视表中，包含数值的大面积区域就是值区域。值区域中的数据是对数据透视表中行字段和列字段数据的计算和汇总，该区域中的数据一般都是可以进行运算的。默认情况下，Excel 对值区域中的数值型数据进行求和，对文本型数据进行计数。

（4）数据透视表的报表筛选区域。报表筛选区域位于数据透视表的最上方，由一个或多个下拉列表组成，通过选择下拉列表中的选项，可以一次性对整个数据透视表中的数据进行筛选。

25.3 创建数据透视表

极简时光

关键词：创建数据透视表 【创建数据透视表】对话框 【数据透视表字段】任务窗格

一分钟

使用数据透视表可以深入分析数值数据，下面介绍一下如何创建数据透视表，具体操作步骤如下。

01 打开随书光盘中的"素材 \ch25\ 销售表 .xlsx"工作簿，单击【插入】选项卡下【表格】选项组中的【数据透视表】按钮。

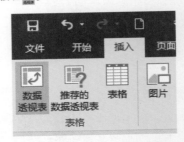

02 弹出【创建数据透视表】对话框，在【请选择要分析的数据】选项区域选中【选择一个表或区域】单选按钮，在【表 / 区域】文本框中设置数据透视表的数据源，单击其后的【折叠】按钮。

03 用鼠标拖曳选择 A1:C7 单元格区域，单击【展开】按钮。

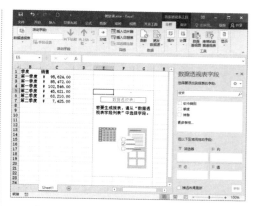

04 展开【创建数据透视表】对话框，在【选择放置数据透视表的位置】选项区域选中【现有工作表】单选按钮，在【位置】文本框中设置放置的位置，设置完成后单击【确定】按钮。

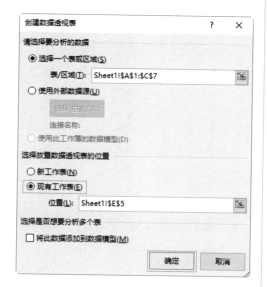

05 弹出数据透视表的编辑界面，工作表中会出现数据透视表，在其右侧是【数据透视表字段】任务窗格。在【数据透视表字段】任务窗格中选择要添加到报表的字段，即可完成数据透视表的创建。此外，在功能区会出现【数据透视表工具】的【分析】和【设计】两个选项卡。

提 示

在 Excel 2010 中，【数据透视表工具】下包含的是【选项】和【设计】两个选项卡。

06 将"销售"字段拖曳到【Σ 值】选项区域中，"季度"和"软件类别"分别拖曳至【行】选项区域中。

07 关闭【数据透视表字段】任务窗格，即可完成数据透视表的创建，效果如下图所示。

25.4 修改数据透视表

极简时光

关键词：修改数据透视表 【数据透视表字段】任务窗格 行、列字段的互换 添加或删除记录

一分钟

数据透视表是显示数据信息的视图，不能直接修改透视表所显示的数据项。但表中的字段名是可以修改的，还可以修改数据透视表的布局，从而重组数据透视表。

1. 行、列字段的互换

01 接着25.3节创建的数据透视表，选择【数据透视表工具-分析】选项卡，单击【显示】选项组中的【字段列表】按钮 字段列表。

提 示

在 Excel 2010 中【显示】选项组中的【字段列表】按钮位于【数据透视表工具-选项】选项卡下。

02 弹出【数据透视表字段】任务窗格，在下方的【行】选项区域中单击"季度"并将其拖曳到【列】选项区域中。

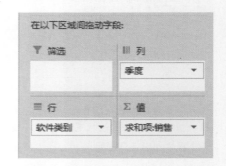

03 此时的数据透视表如下图所示。

04 将"软件类别"拖曳到【列】选项区域中，并将"软件类别"拖曳到"季度"上方，此时的透视表如下图所示。

2. 添加或删除记录

（1）删除记录。选择 25.3 节创建的数据透视表，上面已经显示了所有的字段，在右侧的【数据透视表字段】任务窗格的【选择要添加到报表的字段】选项区域中，取消选中要删除字段前面的复选框，即可将其从透视表中删除，如下图所示。

25.5 一键创建数据透视图

极简时光

关键词： 一键创建数据透视图 【分析】选项卡 【插入图表】对话框 完成数据透视图的创建

一分钟

Excel 中用户可以根据创建的数据透视表一键创建数据透视图，具体操作步骤如下。

提 示

在【行】选项区域中的字段名称上单击并将其拖到【数据透视表字段】任务窗格外面，也可删除此字段，如下图所示。

（2）添加字段。在右侧【选择要添加到报表的字段】选项区域中，选中要添加的字段复选框，即可将其添加到透视表中。

01 接着 25.3 节中创建的数据透视表，选择数据透视表区域中的任意一单元格。

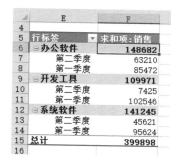

02 选择【数据透视表工具 - 分析】选项卡，单击【工具】选项组中的【数据透视图】按钮 。

提 示

在 Excel 2010 中，【工具】选项组中的【数据透视图】按钮位于【数据透视表工具 - 选项】选项卡下。

197

03 弹出【插入图表】对话框，选择一种图表类型，单击【确定】按钮。

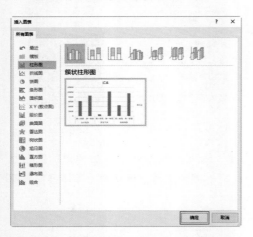

04 即可完成数据透视图的创建，效果如下图所示。

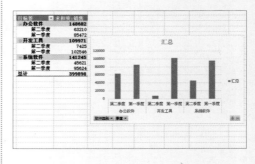

牛人干货

1. 组合数据透视表内的数据项

对于数据透视表中的性质相同的数据项，可以将其进行组合以便更好地对数据进行统计分析，具体操作步骤如下。

01 打开随书光盘中的"素材\ch25\采购数据透视表.xlsx"工作簿。

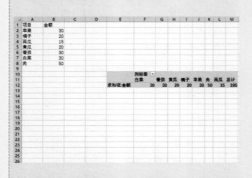

02 选择 K11 单元格并右击，在弹出的快捷菜单中选择【移动】→【将"肉"移至开头】选项。

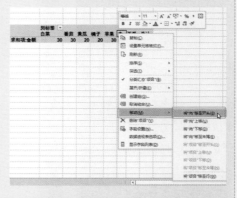

03 即可将肉移至透视表开头位置，选中 F11:I11 单元格区域并右击，在弹出的快捷菜单中选择【创建组】选项。

04 即可创建名称为"数据组 1"的组合，输入数据组名称"蔬菜"，按【Enter】键确认。

提 示

如果不想显示各个组的汇总，可以在组名称所在行的任意一个单元格右击，在弹出的快捷菜单中选择【分类汇总"项目 2"】选项，即可取消分类汇总。

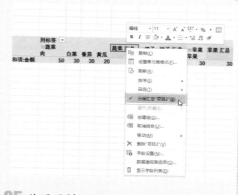

05 使用同样的方法，将 J11:L11 单元格区域创建为"水果"数据组。

06 单击数据组名称左侧的按钮，即可将数据组合并起来，并给出统计结果。

列标签			
	⊞蔬菜	⊞水果	总计
求和项:金额	130	65	195

2. 将数据透视图转换为图片形式

下面的方法可以将数据透视图转换为图片保存，具体操作步骤如下。

01 打开随书光盘中的"素材 \ch25\ 采购数据透视图 .xlsx"工作簿。

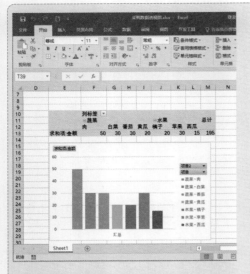

02 选中工作簿中的数据透视表,按【Ctrl+C】组合键复制。

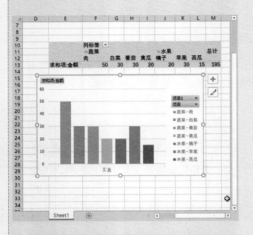

03 选中任意一空白单元格,单击【开始】选项卡下【剪贴板】选项组中的【粘贴】下拉按钮 ，在弹出的下拉列表中单击【粘贴选项】组中的【图片】按钮 。

04 即可将数据透视图转换为图片的形式,效果如下图所示。

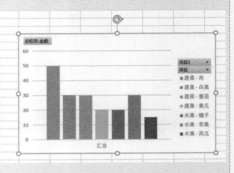

提 示

除了使用上述方法外,还可以使用【画图】软件,将图表复制在绘图区域,选择【文件】→【另存为】→【JPEG 图片】选项,即可将其转换为图片形式。

第5篇
高手技巧

第 26 课

不得不说的打印

打印工作表是办公中最基本的技能，掌握这些打印技能，可以让初入职场的用户迅速在同期的小伙伴中崭露头角，开启职场新旅程。

26.1 根据表格内容，选择纵向或横向显示

极简时光

关键词：【页面布局】选项卡　纵向显示　横向显示

一分钟

打印 Excel 表格时，用户可以根据表格内容设置打印出来的数据是纵向还是横向显示（一般系统默认的是纵向显示），用户可以根据要打印的内容选择纸张方向，具体操作步骤如下。

01 打开随书光盘中的"素材 \ch26\ 客户信息管理表 .xlsx"工作簿。

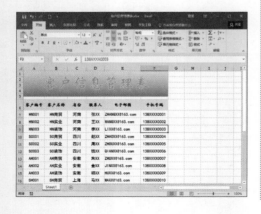

02 单击【页面布局】选项卡下【页面设置】选项组中的【纸张方向】按钮，弹出【横向】和【纵向】两个选项，这里选择【横向】选项。

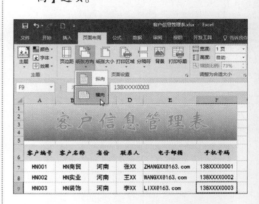

03 即可在打印时，将表格内容横向显示。

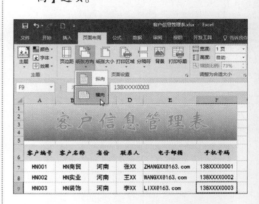

26.2 预览打印效果

Excel 的打印预览功能所呈现的效果就是打印出来的实际效果，用户可以在第一时间拥有最直观的感受。如果对打印的效果不满意，可以重新对页面进行编辑和修改。预览打印效果的具体操作步骤如下。

01 接着 26.1 节的操作，选择【文件】选项卡，在弹出的面板中，选择左侧的【打印】选项。

02 弹出【打印】界面，在右侧即可预览打印的效果。

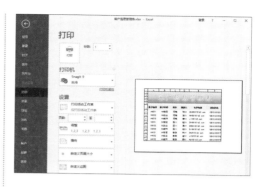

26.3 打印多份相同的工作表

在打印表格的过程中，用户可以通过设置打印份数，将一张表格打印多份，具体操作步骤如下。

01 打开随书光盘中的"素材 \ch26\ 客户信息管理表 .xlsx"工作簿，选择【文件】选项卡，在弹出的面板中，选择左侧的【打印】选项。

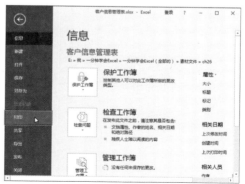

02 弹出【打印】界面，在【份数】文本框中输入要打印的份数，单击【打印】按钮即可。

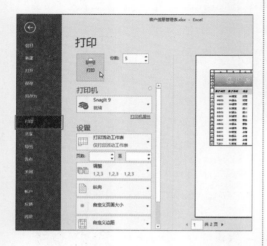

26.4 打印多张工作表

极简时光

关键词：打印多张工作表 【文件】选项卡 【设置】区域 右侧打印预览区域

一分钟

在 Excel 中，用户可以通过打印设置，将一个工作簿中的多张工作表一次打印出来，具体操作步骤如下。

01 打开随书光盘中的"素材\ch26\销售合并计算.xlsx"工作簿，此工作簿中包含北京、上海、广州、重庆、总表 5 个工作表。选择【文件】选项卡，在弹出的面板中，选择左侧的【打印】选项。

02 弹出【打印】界面，在【设置】选项区域中，单击【打印活动工作表】下拉按钮，在弹出的下拉列表中选择【打印整个工作簿】选项。

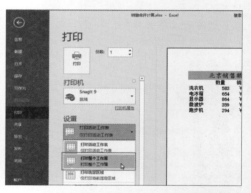

03 单击右侧打印预览区域下方的【下一页】按钮▶，即可看到工作簿中包含的 5 个工作表。

26.5 打印每一页都有表头

如果工作表中内容较多，除了第 1 页外，其他页面都不显示标题行。设置每页都打印标题行的具体操作步骤如下。

01 在打开的"客户信息管理表 .xlsx"工作簿中，选择【文件】选项卡下的【打印】选项，在打印预览区域可看到第 1 页显示标题行。单击预览界面下方的【下一页】按钮 ▶，即可看到第 2 页不显示标题行。

02 返回工作表操作界面，单击【页面布局】选项卡下【页面设置】选项组中的【打印标题】按钮。

03 弹出【页面设置】对话框，在【工作表】选项卡下【打印标题】组中单击【顶端标题行】右侧的【折叠】按钮 ↥。

04 弹出【页面设置 - 顶端标题行：】对话框，选择第 1 行至第 6 行，单击 按钮。

05 返回至【页面设置】对话框，单击【打印预览】按钮。

06 在打印预览界面选择"第 2 页",即可看到第 2 页上方显示的标题行。

提 示

使用同样的方法还可以在每页都打印左侧标题列。

牛人干货

打印网格线

在打印 Excel 工作表时,一般都会打印没有网格线的工作表,如果需要将网格线打印出来,可以通过设置实现,具体操作步骤如下。

01 打开随书光盘中的"素材 \ch26\ 客户信息管理表 .xlsx"工作簿。在【页面布局】选项卡中,单击【页面设置】选项组右下角的【页面设置】按钮 🖼。

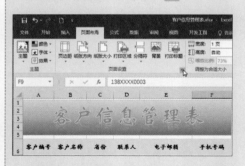

02 弹出【页面设置】对话框,选择【工作表】选项卡,并选中【网格线】复选框,单击【打印预览】按钮。

03 即可看到添加网格线后的打印效果。

第 27 课
能批量的绝不一个一个来

批量处理数据可以将烦琐的重复工作简化，降低单个操作的错误率，提高工作效率。Excel 比赛的最终结果，就是看你是否掌握了批量处理的方法。

如何执行批处理？

哪些工作可以批量处理？

27.1 批量设置工作表

极简时光

关键词：批量设置工作表 设置【字体】 输入内容

一分钟

如果需要在多个工作表中同时输入相同的数据，可以同时选择多个工作表，选择的工作表将以工作表组的形式显示，此时就可以批量输入相同的内容。

01 打开随书光盘中的"素材 \ch27\ 批量设置工作表 .xlsx"工作簿，该工作簿中包含 3 个没有数据的工作表。选择"表 1"工作表，按住【Shift】键，单击"表 3"工作表，同时选择 3 个工作表后，标题栏将显示"组"。

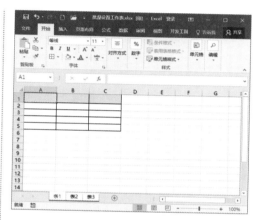

02 在"表 1"工作表 A1:C1 单元格区域中依次输入"学号""姓名""性别"文本。

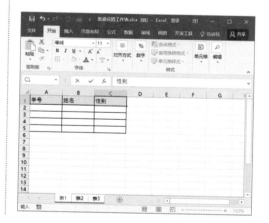

03 选择 A1:C3 单元格区域，设置【字体】
为"微软雅黑"，【字号】为"14"，
并设置【对齐方式】为"居中"。

04 单击"表 2"工作表，可以看到"表 2"
工作表输入了同样的内容。

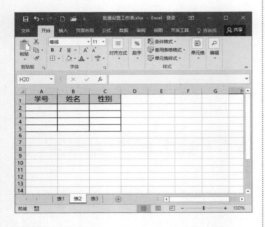

05 单击"表 3"工作表，可以看到"表 3"
工作表也输入了同样的内容。

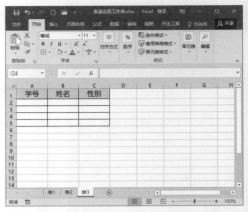

06 使用同样的方法，可以在其他单元格中
输入需要的内容。

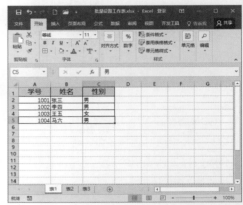

27.2 批量填充空白行

极简时光

关键词：批量填充空白行
【开始】选项卡 【定位
条件】对话框

一分钟

在处理表格时，经常会遇到如下图所示的数据。如果需要在 A3:B6 单元格区域中输入与 A2、B2 单元格相同的数据，常用的解决方法有两种，一种是复制、粘贴，另一种是填充单元格，但这样的行有几百行甚至更多时，上面的方法就不行了。下面介绍批量填充的方法，具体操作步骤如下。

▲	A	B	C	D	E
1	销售日期	销售人员	商品编号	销售数量	
2	2017/8/12	张三	SP001	24	
3			SP002	25	
4			SP003	26	
5			SP004	27	
6			SP005	28	
7	2017/8/12	李四	SP001	52	
8			SP002	53	
9			SP003	54	
10			SP004	55	
11			SP005	56	
12	2017/8/13	张三	SP001	65	
13			SP002	54	
14			SP003	54	
15			SP004	28	
16			SP005	42	

01 打开随书光盘中的"素材 \ch27\ 批量填充空白行 .xlsx"工作簿，在名称框中输入"A2:B41"，按【Enter】键。

A2:B41			×	✓	fx	销售日期	
▲	A	B	C	D	E		
1	销售日期	销售人员	商品编号	销售数量			
2	2017/8/12	张三	SP001	24			
3			SP002	25			
4			SP003	26			
5			SP004	27			
6			SP005	28			
7	2017/8/12	李四	SP001	52			
8			SP002	53			
9			SP003	54			
10			SP004	55			

提 示

执行批量操作时，应先选择所有要填充的区域，可以定位至 C 列任意单元格，按【Ctrl+End】组合键可快速定位至包含数据的最后一行，查看最后一行的行号。

02 即可选择 A2:B41 单元格区域，单击【开始】选项卡下【编辑】选项组中【查找和选择】下拉按钮，在弹出的下拉列表中选择【定位条件】选项。

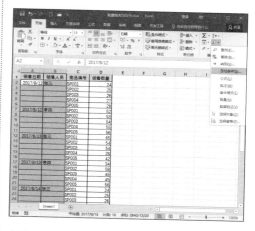

03 弹出【定位条件】对话框，选中【空值】单选按钮，单击【确定】按钮。

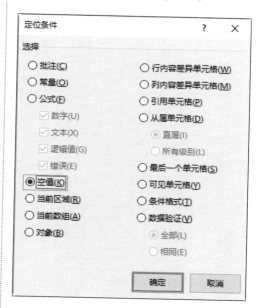

04 即可看到已经选择了 A2:B41 单元格区域的所有空单元格。

▲	A	B	C	D	E
1	销售日期	销售人员	商品编号	销售数量	
2	2017/8/12	张三	SP001	24	
3			SP002	25	
4			SP003	26	
5			SP004	27	
6			SP005	28	
7	2017/8/12	李四	SP001	52	
8			SP002	53	
9			SP003	54	
10			SP004	55	
11			SP005	56	
12	2017/8/13	张三	SP001	65	
13			SP002	54	
14			SP003	54	
15			SP004	28	
16			SP005	42	
17	2017/8/13	李四	SP001	34	
18			SP002	58	
19			SP003	45	
20			SP004	45	
21			SP005	56	
22	2017/8/14	张三	SP001	24	
23			SP002	25	

05 在键盘上按【＝】键，再次按【↑】键，最后按【Ctrl+Enter】组合键，即可完成空白单元格的填充，此时可以看到填充的内容实际上是公式的计算结果。

A3		× ✓ fx	=A2		
▲	A	B	C	D	E
1	销售日期	销售人员	商品编号	销售数量	
2	2017/8/12	张三	SP001	24	
3	2017/8/12	张三	SP002	25	
4	2017/8/12	张三	SP003	26	
5	2017/8/12	张三	SP004	27	
6	2017/8/12	张三	SP005	28	
7	2017/8/12	李四	SP001	52	
8	2017/8/12	李四	SP002	53	
9	2017/8/12	李四	SP003	54	
10	2017/8/12	李四	SP004	55	
11	2017/8/12	李四	SP005	56	
12	2017/8/13	张三	SP001	65	
13	2017/8/13	张三	SP002	54	
14	2017/8/13	张三	SP003	54	
15	2017/8/13	张三	SP004	28	
16	2017/8/13	张三	SP005	42	
17	2017/8/13	李四	SP001	34	
18	2017/8/13	李四	SP002	58	
19	2017/8/13	李四	SP003	45	
20	2017/8/13	李四	SP004	45	
21	2017/8/13	李四	SP005	56	
22	2017/8/14	张三	SP001	24	

06 为了防止公式发生变化影响结果，可以选择 A、B 两列，按【Ctrl+C】组合键复制，然后选择 A1 单元格，单击【开始】选项卡下【剪贴板】选项组中【粘贴】下拉按钮，在弹出的下拉列表中选择【值和源格式】按钮，将公式粘贴为数值即可。

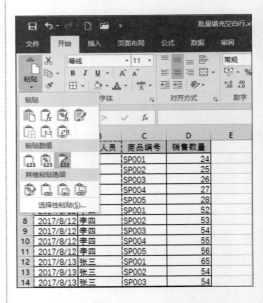

27.3 批量运算求和、求平均值

极简时光

关键词： 批量运算 【开始】选项卡 【定位条件】对话框 【公式】选项卡 快速批量计算

一分钟

在工作表中要同时计算多类数据的总和或平均值，可以先计算一行或一列，然后使用填充功能计算，下面介绍一种批量运算求和及求平均值的方法，具体操作步骤如下。

01 打开随书光盘中的"素材 \ch27\ 批量运算 .xlsx"工作簿，在"求和"工作表中选择 A2:E10 单元格区域。

02 单击【开始】选项卡下【编辑】选项组中【查找和选择】下拉按钮，在弹出的下拉列表中选择【定位条件】选项。

03 弹出【定位条件】对话框，选中【空值】单选按钮，单击【确定】按钮。

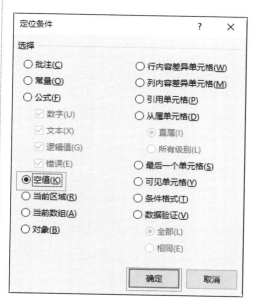

04 即可选择所选区域内的所有单元格。

05 单击【公式】选项卡下【函数库】选项组中【自动求和】下拉按钮，在弹出的下拉列表中选择【求和】选项。

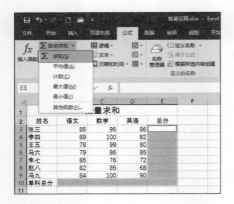

提示

　　按【Alt+=】组合键，也可以快速求和。

06 即可快速批量计算出和，效果如下图所示。

08 即可批量求出平均值，最后只需要将单元格【小数位数】设置为"2"即可。

07 选择"求平均值"工作表，重复步骤 02 ~ 04，选择要求平均值的单元格区域，单击【公式】选项卡下【函数库】选项组中【自动求和】下拉按钮，在弹出的下拉列表中选择【平均值】选项。

27.4 批量隔一行插入一行或多行

极简时光

关键词： 批量隔一行插入一行　隔一行插入多行　【数据】选项卡　序列填充

一分钟

为了排版好看，或者是避免大量数据处理时定位混乱，需要在每行下面插入一个或多个空白行。数据较少时，手动添加即可。遇到大量数据需要插入空白行怎么办呢？下面介绍方便快捷批量处理隔行插入空行的方法。

1. 批量隔一行插入一行

批量隔一行插入一行的具体操作步骤如下。

01 打开随书光盘中的"素材\ch27\插入空行.xlsx"工作簿。

	A	B	C	D	E
1	姓名	语文	数学	英语	
2	张三	85	95	86	
3	李四	89	100	82	
4	王五	78	99	80	
5	马六	79	86	85	
6	朱七	85	76	72	
7	赵八	82	85	68	
8	冯九	84	100	90	
10					

02 在 E1 单元格中输入"辅助列"，在 E2、E3 单元格中分别输入"1"和"2"，然后序列填充至 E8 单元格，然后复制 E2:E8 单元格区域中的值，选择 E9 单元格，执行粘贴操作。

	A	B	C	D	E	F
1	姓名	语文	数学	英语	辅助列	
2	张三	85	95	86	1	
3	李四	89	100	82	2	
4	王五	78	99	80	3	
5	马六	79	86	85	4	
6	朱七	85	76	72	5	
7	赵八	82	85	68	6	
8	冯九	84	100	90	7	
9					1	
10					2	
11					3	
12					4	
13					5	
14					6	
15					7	

03 选择 E 列包含数据的任意单元格，单击【数据】选项卡下【排序和筛选】选项

组中的【升序】按钮。

04 将 E 列删除，即可看到隔一行插入一个空白行后的效果。

	A	B	C	D	E
1	姓名	语文	数学	英语	
2	张三	85	95	86	
3					
4	李四	89	100	82	
5					
6	王五	78	99	80	
7					
8	马六	79	86	85	
9					
10	朱七	85	76	72	
11					
12	赵八	82	85	68	
13					
14	冯九	84	100	90	
15					

2. 隔一行插入多行

下面以隔一行插入两行为例，介绍批量隔一行插入多行的具体操作步骤。

01 打开随书光盘中的"素材\ch27\插入空行.xlsx"工作簿，在 E1 单元格中输入"辅助列"，在 E2、E3 单元格中分别输入"1"和"2"，然后序列填充至 E8 单元格。

	A	B	C	D	E	F
1	姓名	语文	数学	英语	辅助列	
2	张三	85	95	86	1	
3	李四	89	100	82	2	
4	王五	78	99	80	3	
5	马六	79	86	85	4	
6	朱七	85	76	72	5	
7	赵八	82	85	68	6	
8	冯九	84	100	90	7	
9						
10						
11						
12						

02 在 E9、E10 单元格中输入"1"，选择 E11 单元格，输入"=E9+1"。

	A	B	C	D	E	F
1	姓名	语文	数学	英语	辅助列	
2	张三	85	95	86	1	
3	李四	89	100	82	2	
4	王五	78	99	80	3	
5	马六	79	86	85	4	
6	朱七	85	76	72	5	
7	赵八	82	85	68	6	
8	冯九	84	100	90	7	
9					1	
10					1	
11					=E9+1	
12						
13						
14						

> **提示**
>
> 这里每隔一行插入两行，所以在 E9、E10 单元格中输入"1"，如果每隔一行插入 3 行，则在 E9、E10、E11 单元格中输入"1"。

03 按【Enter】键，然后向下填充至 E20 单元格，然后将包含公式的单元格粘贴为"值"格式。

	A	B	C	D	E	F
1	姓名	语文	数学	英语	辅助列	
2	张三	85	95	86	1	
3	李四	89	100	82	2	
4	王五	78	99	80	3	
5	马六	79	86	85	4	
6	朱七	85	76	72	5	
7	赵八	82	85	68	6	
8	冯九	84	100	90	7	
9					1	
10					1	
11					2	
12					2	
13					3	
14					3	
15					4	
16					4	
17					5	
18					5	
19					6	
20					6	
21						
22						

> **提示**
>
> 如果表格行数较多，填充位置不容易计算，可以多填充部分单元格。

04 选择 E 列包含数据的任意单元格，单击【数据】选项卡下【排序和筛选】选项组中的【升序】按钮。

05 排序后效果如下图所示。

	A	B	C	D	E
1	姓名	语文	数学	英语	辅助列
2	张三	85	95	86	1
3					1
4					1
5	李四	89	100	82	2
6					2
7					2
8	王五	78	99	80	3
9					3
10					3
11	马六	79	86	85	4
12					4
13					4
14	朱七	85	76	72	5
15					5
16					5
17	赵八	82	85	68	6
18					6
19					6
20	冯九	84	100	90	7
21					

06 将 E 列删除，即可看到隔一行插入两行空白行后的效果。

⏶	A	B	C	D	E
1	姓名	语文	数学	英语	
2	张三	85	95	86	
3					
4					
5	李四	89	100	82	
6					
7					
8	王五	78	99	80	
9					
10					
11	马六	79	86	85	
12					
13					
14	朱七	85	76	72	
15					
16					
17	赵八	82	85	68	
18					
19					
20	冯九	84	100	90	
21					

27.5 批量隔 *N* 行插入一行

极简时光

关键词：批量隔 *N* 行
插入一行　填充单元格
【数据】选项卡

一分钟

如果遇到大量数据需要隔 *N* 行插入一个空行，要怎么办？下面介绍批量隔 *N* 行插入一行的方法，这里以隔两行插入一行为例介绍，具体操作步骤如下。

01 打开随书光盘中的"素材\ch27\插入空行.xlsx"工作簿，在E1单元格中输入"辅

助列"，在E2、E3单元格中分别输入"1"、"2"，然后序列填充至E8单元格。

⏶	A	B	C	D	E
1	姓名	语文	数学	英语	辅助列
2	张三	85	95	86	1
3	李四	89	100	82	2
4	王五	78	99	80	3
5	马六	79	86	85	4
6	朱七	85	76	72	5
7	赵八	82	85	68	6
8	冯九	84	100	90	7
9					
10					
11					
12					

02 在E9、E10单元格中输入"2.1"、"4.1"，并向下填充至E11单元格。

⏶	A	B	C	D	E
1	姓名	语文	数学	英语	辅助列
2	张三	85	95	86	1
3	李四	89	100	82	2
4	王五	78	99	80	3
5	马六	79	86	85	4
6	朱七	85	76	72	5
7	赵八	82	85	68	6
8	冯九	84	100	90	7
9					2.1
10					4.1
11					6.1
12					

提示

如果要隔 3 行插入一个空白行，可以在E9、E10单元格中输入"3.1"、"6.1"，如果行数较多向下填充时，位置只要超过辅助列最后一行的数字即可。

03 选择 E 列包含数据的任意单元格，单击【数据】选项卡下【排序和筛选】选项组中的【升序】按钮。

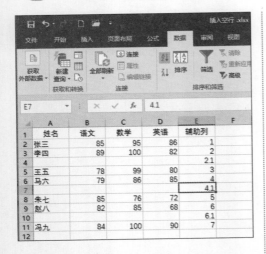

04 将 E 列删除，即可看到隔两行插入一个空白行后的效果。

27.6 批量快速删除对象

极简时光

关键词：批量快速删除对象 【定位条件】对话框 按【Ctrl+G】组合键 按【Delete】键

一分钟

在 Excel 中文本框、自选图形、图片、图表、SmartArt 图形等都可以成为对象，如果要删除所有对象，要如何操作呢？

批量快速删除对象的具体操作步骤如下。

01 打开随书光盘中的"素材 \ch27\ 删除对象 .xlsx"工作簿。

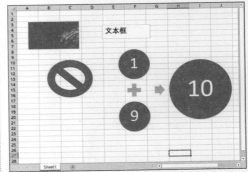

02 按【Ctrl+G】组合键，弹出【定位】对话框，单击【定位条件】按钮。

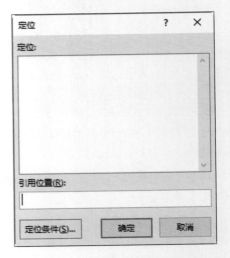

03 弹出【定位条件】对话框，在【选择】选项区域中选中【对象】单选按钮，单击【确定】按钮。

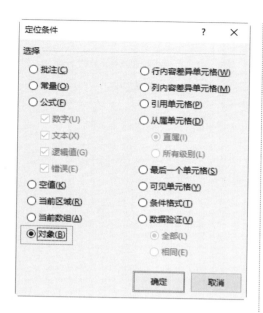

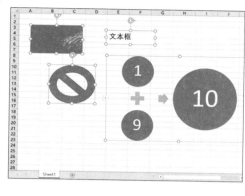

04 即可选择所有的对象，按【Delete】键，即可将所有对象删除。

牛人干货

快速删除重复项

如果一列数据中包含有很多的重复项，怎样才能将重复的内容删除掉？在 Excel 2010 及以上的版本中只需要一个按键即可。

01 打开随书光盘中的"素材 \ch27\ 删除对象 .xlsx"工作簿，可以看到 A 列包含很多重复项。

02 选择 A 列任意单元格，单击【数据】选项卡下【数据工具】选项组中的【删除重复值】按钮。

03 弹出【删除重复值】对话框，单击【确定】按钮。

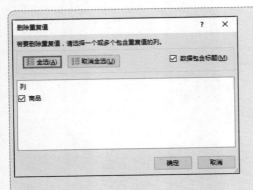

04 弹出【Microsoft Excel】提示框，单击【确定】按钮。

05 即可看到删除重复项后的效果。

第 6 篇

行业实战

第 28 课

公司年度培训计划表

制定完善的年度培训计划表，可以提高员工和管理人员的素质，提高公司的管理水平。

28.1 建立公司年度培训计划表

制作公司年度培训计划表，首先要新建空白工作簿，并根据计划输入表格内容，具体操作步骤如下。

01 启动 Excel 2016，新建一个空白工作簿，并保存为"年度培训计划表.xlsx"工作簿。

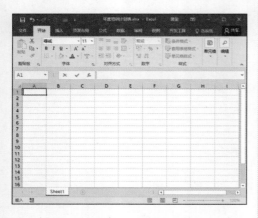

02 选中单元格 A2，并输入"序号"，按【Enter】键完成输入，然后按照相同的方法在单

元格区域 B2:K2 中输入表头内容。

03 在 A3、A4 单元格中分别输入"1"、"2"，选择 A3：A4 单元格区域，使用填充功能填充至 A15 单元格，完成序号的填充。

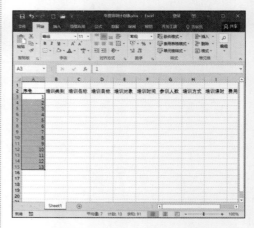

04 根据需要在 B3:K15 单元格区域中输入具体内容。

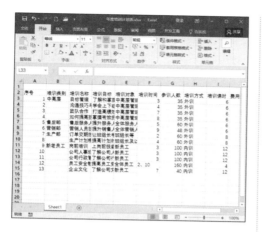

28.2 使用艺术字制作标题

关键词：【插入】选项卡 【字号】设置 【开始】选项卡 调整行高

一分钟

输入表格内容后，可以插入艺术字，将其作为表格标题，具体操作步骤如下。

01 单击【插入】选项卡【文本】选项组中的【艺术字】按钮，从弹出的下拉列表框中选择一种艺术字选项。

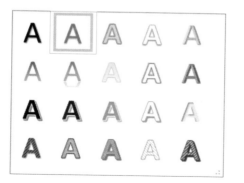

02 即可在工作表中插入一个艺术字文本框，在其中输入标题"年度培训计划表"，并将【字号】设置为"40"。

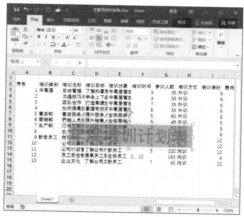

03 选择 A1:K1 单元格区域，单击【开始】选项卡下【对齐方式】选项组中的【合并单元格】按钮，将所选单元格区域合并。

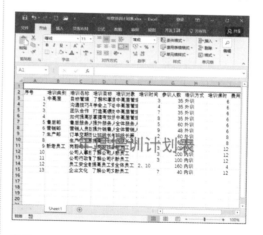

04 适当地调整第 1 行的行高，然后将艺术字拖曳至 A1:K1 单元格区域处。

28.3 美化表格内容排版

关键词：【开始】选项卡
【设置单元格格式】对话框 【边框】选项卡 【套用表格式】对话框

一分钟

　　培训计划表制作完成后，还需要调整及美化表格，主要包括设置行高、列宽，添加边框及套用表格样式等，使制作的表格美观、清晰，具体操作步骤如下。

01 选中 A2：K2 单元格区域，在【开始】选项卡【字体】选项组中将字号设置为"11"，然后单击【加粗】按钮，最后调整各列列宽，使标题单元格中的字体完整显示出来。

02 选中 A2：K15 单元格区域，按【Ctrl + 1】组合键，打开【设置单元格格式】对话框，选择【对齐】选项卡，然后将【水平对齐】和【垂直对齐】均设置为【居中】，最后选中【文本控制】选项区域中的【自动换行】复选框。

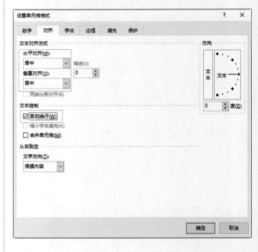

03 选择【边框】选项卡，然后依次单击【预置】选项区域中的【外边框】和【内部】按钮，单击【确定】按钮。

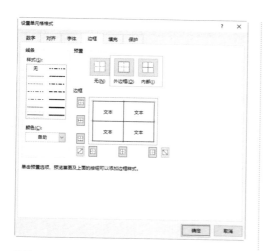

04 即可返回 Excel 工作表查看设置后的效果。

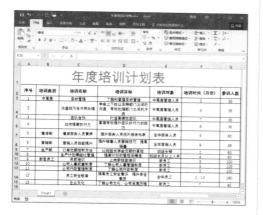

05 合并单元格。依次选中单元格区域 B3: B6、B9: B10、B11: B15、K7: K8，然后单击【开始】选项卡【对齐方式】选项组中的【合并后居中】按钮，即可将选中的单元格区域合并成一个单元格。

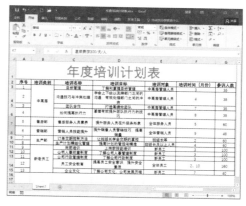

06 选中 A2: K15 单元格区域，然后单击【开始】选项卡【样式】选项组中的【套用表格格式】按钮，在弹出的下拉列表框的【中等深浅】组中选择一种表格样式。

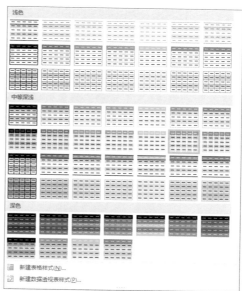

07 打开【套用表格格式】对话框，单击【确定】按钮。

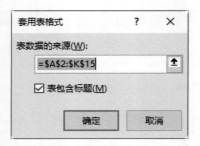

08 即可套用选择的表格样式。

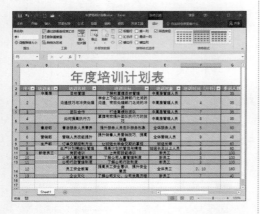

09 套用表格样式后，表格中的数据自动处于筛选状态，此时只需要单击【数据】选项卡【排序和筛选】选项组中的【筛选】按钮，即可取消数据筛选状态。

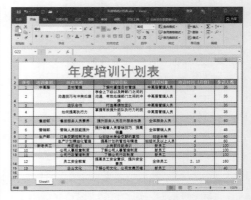

10 最后适当调整行高即可，至此，就完成了公司年度计划表的制作及美化。

第 29 课
员工工资表

工资表中包含基本工资及各类补贴和扣款项，通过这些数据才能计算出每位员工的实发工资，并制作出工资条。

29.1 计算员工应发工资

极简时光

关键词：计算基本工资 计算各种奖金福利 快速填充功能

一分钟

制作员工工资表首先需要计算出每位员工的应发工资，应发工资包括基本工资及各种福利、奖金等，具体操作步骤如下。

1. 在"实发工资"工作表中计算基本工资

01 在 Excel 2016 中，打开随书光盘中的"素材 \ch29\ 员工工资表 .xlsx"工作簿，其中包括"基本工资"工作表、"职位津贴与业绩奖金"工作表、"福利"工作表、"考勤"工作表及"实发工资"工作表等。其中"基本工资"工作表的内容如下图所示。

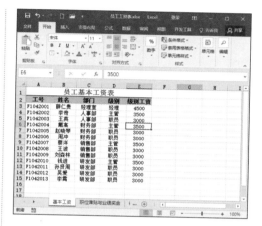

02 "职位津贴与业绩奖金"工作表的内容如下图所示。

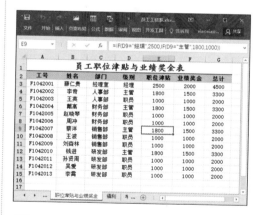

03 "福利"工作表的内容如下图所示。

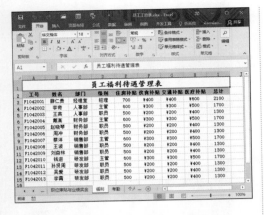

04 "考勤"工作表的内容如下图所示。

05 "个人所得税标准"工作表的内容如下图所示。

06 "实发工资"工作表的内容如下图所示。获取基本工资金额。在"实发工资"工作表中选择 E3 单元格，在其中输入公式"=VLOOKUP(A3,基本工资!$A$3:$E$15,5)"，按【Enter】键，即可从"基本工资"工作表中查找并获取员工"薛仁贵"的基本工资金额。

07 利用填充句柄的快速填充功能，将 E3 单元格中的公式应用到其他单元格中，获取其他员工的基本工资金额。

2. 计算各种奖金福利

01 获取职位津贴金额。在"实发工资"工作表中选择 F3 单元格，在其中输入公式"=VLOOKUP(A3,职位津贴与业绩奖金!$A$3:$G$15,5)"，按【Enter】键，即可从"职位津贴与业绩奖金"工作表中查找并获取员工"薛仁贵"的职位津贴金额。

02 利用填充句柄的快速填充功能，将F3单元格中的公式应用到其他单元格中，获取其他员工的职位津贴金额。

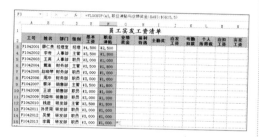

03 获取业绩奖金金额。在"实发工资"工作表中选择G3单元格，在其中输入公式"=VLOOKUP(A3,职位津贴与业绩奖金!\$A\$3:\$G\$15,6)"，按【Enter】键，即可从"职位津贴与业绩奖金"工作表中查找并获取员工"薛仁贵"的业绩奖金金额。

04 利用填充句柄的快速填充功能，将G3单元格中的公式应用到其他单元格中，获取其他员工的业绩奖金金额。

05 获取福利待遇金额。在"实发工资"工作表中选择H3单元格，在其中输入公式"=VLOOKUP(A3,福利!\$A\$3:\$I\$15,9)"，按【Enter】键，即可从"福利"工作表中查找并获取员工"薛仁贵"的福利待遇金额。

06 利用填充句柄的快速填充功能，将H3单元格中的公式应用到其他单元格中，获取其他员工的福利待遇金额。

07 获取全勤奖金额。在"实发工资"工作表中选择I3单元格，在其中输入公式"=VLOOKUP(B3,考勤!\$A\$3:F\$15,6,FALSE)"，按【Enter】键，即可从"考勤"工作表中查找并获取员工"薛仁贵"的全勤奖金额。

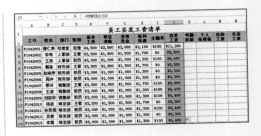

08 利用填充句柄的快速填充功能，将 I3 单元格中的公式应用到其他单元格中，获取其他员工的全勤奖金额。

09 计算应发工资金额。在"实发工资"工作表中选择 J3 单元格，在其中输入公式"=SUM(E3:I3)"，按【Enter】键，即可计算出员工"薛仁贵"的应发工资金额。

10 利用填充句柄的快速填充功能，将 J3 单元格中的公式应用到其他单元格中，计算其他员工的应发工资金额。

29.2 计算应扣个人所得税金额

极简时光

关键词：获取考勤扣款 快速填充功能 输入公式 计算出员工应缴的个人所得税

一分钟

如果要计算应扣个人所得税，首先应获取考勤扣款，从而计算出月应税收入，然后依据上述公式计算个人所得税，具体的操作步骤如下。

01 获取考勤扣款。在"实发工资"工作表中选择 K3 单元格，在其中输入公式"=VLOOKUP(B3,考勤!A$3:F$15,5,FALSE)"，按【Enter】键，即可从"考勤"工作表中查找并获取员工"薛仁贵"的考勤扣款金额。

02 利用填充句柄的快速填充功能，将 K3 单元格中的公式应用到其他单元格中，获取其他员工的考勤扣款金额。

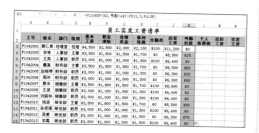

03 计算个人所得税。在"实发工资"工作表中选择 L3 单元格，在其中输入公式"= ROUND(MAX((J3 − K3 − 3500)*{0.03, {0.03,0.1,0.2,0.25,0.3,0.35,0.45} − {0,105, 555,1005,2755,5505, 13505},0),2)"，按【Enter】键，即可计算员工"薛仁贵"应缴的个人所得税。

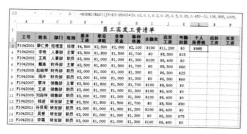

 提 示

ROUND 函数可将数值四舍五入，后面的"2"表示四舍五入后保留两位小数。

04 利用填充句柄的快速填充功能，将 L3 单元格中的公式应用到其他单元格中，计算其他员工应缴的个人所得税。

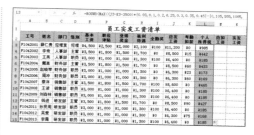

29.3 计算每位员工当月实发工资金额

极简时光

关键词： 输入公式 快速填充功能 公式应用到其他单元格 计算出其他员工当月的实发工资

一分钟

在统计出影响员工当月实发工资的相关因素金额后，可以很容易地统计出员工当月实发工资，具体操作步骤如下。

01 计算员工的应扣工资。在"实发工资"工作表中选择 M3 单元格，在其中输入公式"=SUM(K3:L3)"，按【Enter】键，即可计算出员工"薛仁贵"当月的应扣工资。

02 利用填充句柄的快速填充功能，将 M3 单元格中的公式应用到其他单元格中，计算其他员工当月的应扣工资。

03 计算员工的实发工资。在"实发工资"工作表中选择 N3 单元格，在其中输入公式"=J3 － M3"，按【Enter】键，即可计算出员工"薛仁贵"当月的实发工资。

04 利用填充句柄的快速填充功能，将 N3 单元格中的公式应用到其他单元格中，计算出其他员工当月的实发工资。

29.4 创建每位员工的工资条

大多数公司在发放工资时，会发给员工相应的工资条，这样员工可以一目了然地知道当月自己的工资明细情况。下面使用 VLOOKUP 函数获取每位员工相对应的工资信息，具体操作步骤如下。

01 新建"工资条"工作表，并在其中输入标题。

提 示

在建立该工作表后，将单元格区域 E3:N3 的格式设置为货币格式。

02 获取工号为"F1042001"的员工工资条信息。在"工资条"工作表的 A3 单元格中输入工号"F1042001"。

03 选择 B3 单元格，在其中输入公式"= VLOOKUP(A3, 实发工资！$A$3: $N$15, 2)"，按【Enter】键，即可获取工号为"F1042001"的员工姓名。

04 选择 C3 单元格, 在其中输入公式 "=VLOOKUP(A3, 实发工资 ! $A$3: $N$15, 3)", 按【Enter】键, 即可获取工号为 "F1042001" 的员工部门。

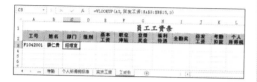

05 选择 D3 单元格, 在其中输入公式 "=VLOOKUP(A3, 实发工资 ! $A$3: $N$15, 4)", 按【Enter】键, 即可获取工号为 "F1042001" 的员工级别。

06 选择 E3 单元格, 在其中输入公式 "=VLOOKUP(A3, 实发工资 ! $A$3: $N$15, 5)", 按【Enter】键, 即可获取工号为 "F1042001" 的员工基本工资。

07 选择 F3 单元格, 在其中输入公式 "=VLOOKUP(A3, 实发工资 ! $A$3: $N$15, 6)", 按【Enter】键, 即可获取工号为 "F1042001" 的员工职位津贴, 如下图所示。

08 选择 G3 单元格, 在其中输入公式 "=VLOOKUP(A3, 实发工资 ! $A$3: $N$15, 7)", 按【Enter】键, 即可获取工号为 "F1042001" 的员工业绩奖金。

09 选择 H3 单元格, 在其中输入公式 "=VLOOKUP(A3, 实发工资 ! $A$3: $N$15, 8)", 按【Enter】键, 即可获取工号为 "F1042001" 的员工福利待遇。

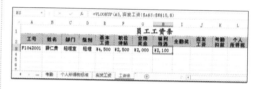

10 选择 I3 单元格, 在其中输入公式 "=VLOOKUP(A3, 实发工资 ! $A$3: $N$15, 9)", 按【Enter】键, 即可获取工号为 "F1042001" 的员工全勤奖。

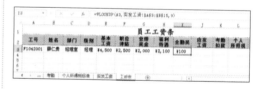

11 选择 J3 单元格, 在其中输入公式 "=VLOOKUP(A3, 实发工资 ! $A$3: $N$15, 10)", 按【Enter】键, 即可获取工号为 "F1042001" 的员工应发工资。

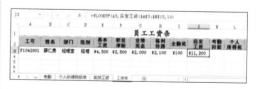

12 选择 K3 单元格, 在其中输入公式 "=VLOOKUP(A3, 实发工资 ! $A$3: $N$15, 11)", 按【Enter】键, 即可获取工号为 "F1042

001"的员工考勤扣款。

13 选择 L3 单元格，在其中输入公式"= VLOOKUP(A3, 实发工资! $A$3: $N$15, 12)"，按【Enter】键，即可获取工号为 "F1042001"的员工个人所得税。

14 选择 M3 单元格，在其中输入公式"= VLOOKUP(A3, 实发工资! $A$3: $N$15, 13)"，按【Enter】键，即可获取工号为"F104 2001"的员工应扣工资。

15 选择 N3 单元格，在其中输入公式"=

VLOOKUP(A3, 实发工资! $A$3: $N$15, 14)"，按【Enter】键，即可获取工号为 "F1042001"的员工实发工资。

16 快速创建其他员工的工资条。选中 A2:N3 单元格区域，将鼠标指针定位在区域右下角的方块上，当鼠标指针变成 ✚ 形状时，向下拖动鼠标，即可得到其他员工的工资条。

工资条创建完成后，需要设置相应的打印纸张、页边距、打印方向等，设置完成后，将工资条打印出来，并裁剪成一个个的小纸条，即可得到每个员工的工资条。

第 30 课
进销存管理表

使用 Excel 2016 制作进销存管理表来代替专业的进销存软件，可以节约企业成本。

30.1 建立进销存表格

制作进销存管理表之前，首先要建立进销存表，输入基本信息，并定义名称，简化进销存管理表的数据输入工作，具体操作步骤如下。

01 启动 Excel 2016，新建一个空白工作簿，并保存为"进销存管理表 .xlsx"工作簿。

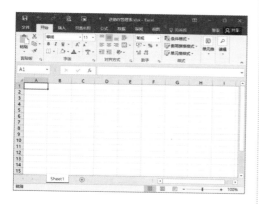

02 选中单元格 A1，并输入"5月份进销存管理表"，按【Enter】键完成输入，然后按照相同的方法分别在其他单元格中

输入表头内容。

03 单击工作表"Sheet1"右侧的【新工作表】按钮，新建一个空白工作表，并将其重命名为"数据源"，然后在该表中输入如下图所示的内容。

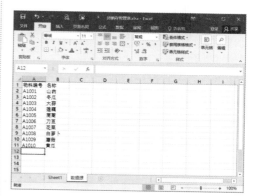

04 定义名称。在"数据源"工作表中，选中 A1:A11 单元格区域，然后选择【公式】→【定义的名称】→【根据所选内容创建】命令，即可打开【以选定区域

创建名称】对话框，在该对话框中选中
【首行】复选框，单击【确定】按钮。

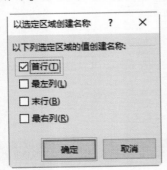

05 即可创建一个"物料编号"的名称。然
后按照相同的方法将 B1:B11 单元格区域
进行自定义名称，最后可单击【定义的
名称】选项组中的【名称管理器】按钮，
在打开的【名称管理器】对话框中查看
自定义的名称。

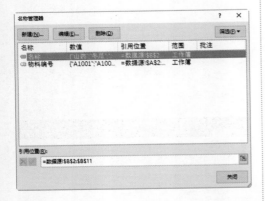

06 打开"Sheet1"工作表，并选中 A4:A13
单元格区域，然后选择【数据】→【数据
工具】→【数据验证】命令，即可打开【数
据验证】对话框，选择【设置】选项卡，
在【允许】下拉列表中选择【序列】选项，
在【来源】文本框中输入"= 物料编号"，
单击【确定】按钮。

07 即可为选中的单元格区域设置下拉菜单。

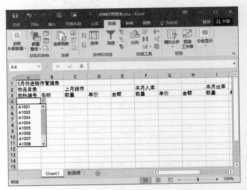

08 选中单元格 B4，并输入公式"=IF(A4="","",
VLOOKUP(A4, 数据源 !$A$1:$B$11,2,))"，
按【Enter】键确认输入，即可填充与 A4
单元格对应的名称。

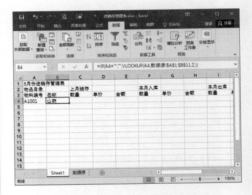

30.2 使用公式计算

极简时光

关键词： 自动填充功能
输入公式　选中单元
格　复制公式　自动填
充功能

一分钟

下面使用相关的公式计算表中的数量、单价和金额等内容。

01 在 A5:A13 单元格区域中的下拉菜单中选择物料编号，完成"物料编号"的输入工作，然后选中单元格 B4，利用自动填充功能，计算出与物料编号对应的名称。

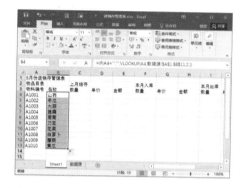

02 分别输入上月结存、本月入库、本月出库及本月结存中的"数量""单价"等数据。

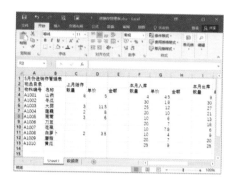

03 选中单元格 E4，并输入公式"=C4*D4"，按【Enter】键完成输入，即可计算出上月结存的金额。

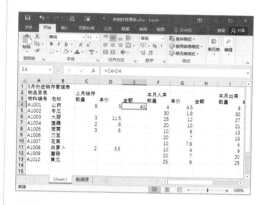

04 复制公式。利用自动填充功能，完成其他单元格的计算。

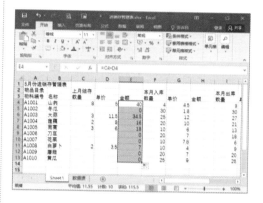

05 按照相同的方法计算本月入库和本月出库中的金额。

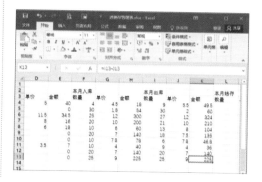

06 选中单元格 L4，并输入公式 "=C4+F4 － I4"，按【Enter】键确认输入，即可计算出本月结存中的数量，然后利用自动填充功能，完成其他单元格的操作。

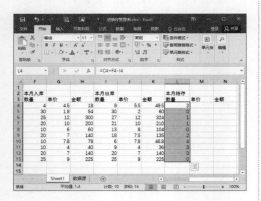

07 选中单元格 N4，并输入公式 "=E4+H4 － K4"，按【Enter】键确认输入，即可计算出本月结存中的金额，然后利用自动填充功能，完成其他单元格的操作。

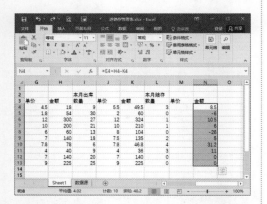

08 选中单元格 M4，并输入公式 "=IFERROR (N4/L4,"")"，按【Enter】键确认输入，即可计算出本月结存中的单价，然后

利用自动填充功能，完成其他单元格的操作。

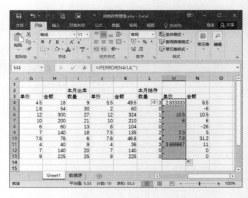

30.3 设置单元格格式

极简时光

关键词：设置单元格格式　合并单元格　设置标题　设置表头字号　设置对齐方式

一分钟

　　设置单元格格式，如设置字体、字号，以及合并单元格、设置对齐方式等操作，使进销存管理表更加合理。具体操作步骤如下。

01 合并单元格。分别选中单元格区域 A1:N1、A2:B2、C2:E2、F2:H2、I2、K2 和 L2:N2，然后依次单击【开始】→【对齐方式】→【合并后居中】下拉按钮，从弹出的下拉菜单中选择【合并单元格】选项，即可将选中的单元格区域合并成一个单元格。

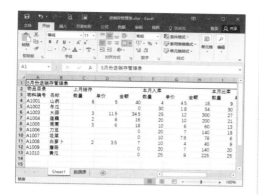

02 设置标题。选中单元格 A1，然后在【字体】选项组中将字体设置为"华文新魏"，字号为"20"，并在【字体颜色】下拉菜单中选择一种字体颜色，最后单击【加粗】按钮。

03 设置表头字号。选中 A2:N2 单元格区域，然后在【字体】选项组中将字号设置为"12"，最后单击【加粗】按钮。

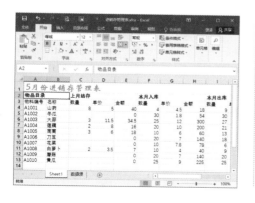

04 设置对齐方式。选中 A1:N13 单元格区域，然后单击【对齐方式】选项组中的【居中】按钮，即可将选中的内容设置为居中显示。

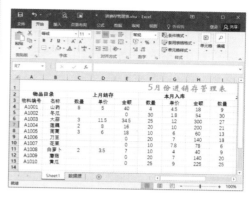

30.4 套用表格格式

为进销存管理表套用表格格式，可以使表格看起来更加美观。

01 选中 A2:N13 单元格区域，然后选择【开始】→【样式】→【套用表格格式】命令，从弹出的下拉列表中选择一种表格样式。

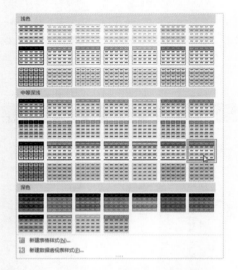

02 即可打开【套用表格式】对话框，单击【确定】按钮。

03 即可套用选择的表格样式。

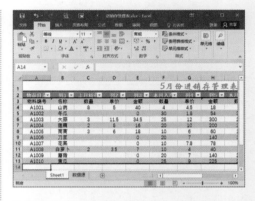

04 选中 A2:N2 单元格区域，然后单击【数据】选项卡【排序和筛选】选项组中的【筛选】按钮，即可取消数据筛选状态。至此，就完成了进销存管理表的制作及美化。

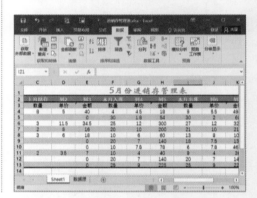

第 31 课

销售业绩透视表

数据透视表不但可以清晰地展示出数据的汇总情况，而且对数据的分析和决策起着至关重要的作用。

31.1 创建销售业绩透视表

极简时光

关键词：【插入】选项卡　【创建数据透视表】对话框　【数据透视表字段】任务窗格

一分钟

销售业绩统计表，主要是员工在一定的时间段内，产品销售情况的统计，对于不同部门都有很好的意义，如可以选择出最优秀的销售人员。创建销售业绩透视表的具体操作步骤如下。

01 打开随书光盘中的"素材 \ch31\ 销售数据统计表 .xlsx"工作簿，单击数据区域内的任意一个单元格。

02 单击【插入】选项卡下【表格】选项组中的【数据透视表】按钮。

03 弹出【创建数据透视表】对话框，将光标定位在【表/区域】文本框中，并选择【分公司销售业绩】工作表中的 A2:G15 单元格区域，在【选择放置数据透视表的位置】选项区域中选中【新工作表】单选按钮，单击【确定】按钮。

提　示

在 03 步中也可以单击【折叠】按钮 ，回到工作表中用鼠标拖曳选择单元格区域，选好单元格区域后，再单击【展开】按钮 返回到【创建数据透视表】对话框。

04 系统将自动新建一个工作表显示数据透视表，将此工作表重命名为"数据透视表"。

05 在【数据透视表字段】任务窗格中的【选择要添加到报表的字段】中按顺序依次选中【省份】【销售员】【第一季度】【第二季度】【第三季度】【第四季度】和【合计】复选框，则"省份"和"销售员"字段自动出现在【行标签】中，"第一季度""第二季度""第三季度""第四季度"和"合计"字段自动出现在【数值】中，同时【列标签】中出现数值，将"省份"字段拖曳到【筛选器】中。

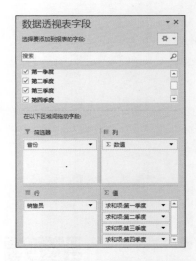

06 关闭【数据透视表字段】任务窗格，则工作表区域显示出每个销售员的每个季度的总销售额及全年销售额。

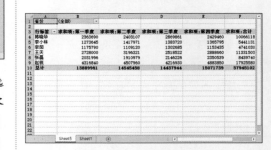

31.2　设置销售业绩透视表表格

极简时光

关键词：【设计】选项卡　【值字段设置】对话框　【设置单元格格式】对话框

一分钟

创建销售业绩透视表之后，可以根据需要设置透视表的格式，如美化数据透视表或更改其值字段等，具体操作步骤如下。

01 选择任一单元格，单击【设计】选项卡下【数据透视表样式】选项组中的【其他】按钮，在弹出的样式中选择一种样式。

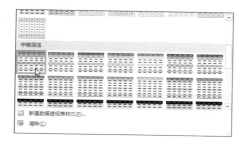

02 在"数据透视表"中 B3 单元格上右击，在弹出的快捷菜单中选择【值字段设置】选项。

03 弹出【值字段设置】对话框，单击【数字格式】按钮。

04 弹出【设置单元格格式】对话框，在【分类】列表框中选择【货币】选项，设置【小数位数】为"0"，【货币符号】设置为"￥"，单击【确定】按钮。

05 使用同样的方法，将其他"数值"格式更改为"货币"格式。

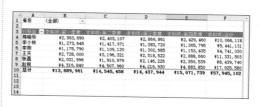

31.3 设置销售业绩透视表中的数据

在数据透视表中可以根据需要筛选出满足要求的数据，如筛选出某一地区销售业绩，

或者筛选出销售业绩前 3 名的员工数据等。
具体操作步骤如下。

01 在销售业绩透视表中，单击【省份】右侧的下拉按钮，在弹出的下拉列表框中选择【广东】选项，单击【确定】按钮。

02 在销售业绩透视表中即可显示广东省的销售数据。

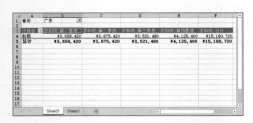

03 单击【省份】右侧的下拉按钮，在弹出下拉列表框中选择【全部】选项，单击【确定】按钮，即可显示出所有销售员的销售数据。

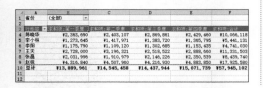

04 在单击【行标签】右侧的下拉按钮，在弹出下拉列表中选择【值筛选】→【前10项】选项。

05 弹出【前 10 个筛选（销售员）】对话框，在【显示】选项区域的 3 个文本框中分别选择【最大】【3】和【项】选项，【依据】文本框中选择【求和项:合计】选项，单击【确定】按钮。

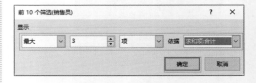

06 即可查询出销售总额最大的 3 个销售员的销售数据明细，至此，就完成了销售业绩透视表的制作。